多模谐振天线

刘能武 孙 胜 祝 雷 编著

西安电子科技大学出版社

内 容 简 介

本书以微带天线为例，详细介绍多模谐振天线的基础理论与分析方法，用以指导高性能天线的设计。全书共六章，包括多模谐振天线的基础理论、多模谐振天线的分析方法、多模谐振天线的阻抗特性调控方法、多模谐振天线的辐射特性调控方法、多模谐振天线的多端口解耦方法和其他多模谐振天线的设计方法。

本书兼具系统性与应用性。重视将内容与经典的传输线理论、腔模理论、特征模理论等知识相关联。同时，本书突出了应用性，内容涵盖了当前无线通信系统所需的低剖面、宽频带、多频带、高增益、宽波束、多极化、解耦、滤波、波束扫描等特性。

本书不仅适合天线技术、无线通信技术等行业的科研人员阅读，还可以作为电磁场与微波技术专业的本科生和研究生的辅助教材。

图书在版编目(CIP)数据

多模谐振天线/刘能武，孙胜，祝雷编著. --西安：西安电子科技大学出版社，2024.3
ISBN 978 - 7 - 5606 - 6877 - 2

Ⅰ. ①多…　Ⅱ. ①刘…　②孙…　③祝…　Ⅲ. ①微波天线　Ⅳ. ①TN822

中国国家版本馆 CIP 数据核字(2023)第 067547 号

策　　划　毛红兵
责任编辑　薛英英　毛红兵
出版发行　西安电子科技大学出版社(西安市太白南路 2 号)
电　　话　(029)88202421　88201467　　邮　编　710071
网　　址　www.xduph.com　　　　电子邮箱　xdupfxb001@163.com
经　　销　新华书店
印刷单位　陕西天意印务有限责任公司
版　　次　2024 年 3 月第 1 版　2024 年 3 月第 1 次印刷
开　　本　787 毫米×1092 毫米　1/16　印张　12
字　　数　278 千字
定　　价　55.00 元
ISBN 978 - 7 - 5606 - 6877 - 2/TN
XDUP 7179001 -1
＊＊＊如有印装问题可调换＊＊＊

作者简介

刘能武,西安电子科技大学副教授、博士生导师。2012 年 7 月毕业于西安电子科技大学,获工学学士学位,2015 年 1 月毕业于西安电子科技大学,获硕士学位,2017 年 9 月毕业于澳门大学,获工学博士学位。长期从事多模天线、相控阵天线、射频收发系统等方面的研究工作,主讲"天线原理""微波电子线路""矩阵论"等本科及研究生课程。曾获中国通信学会自然科学一等奖、澳门自然科学二等奖、陕西省高层次人才。

孙胜,电子科技大学教授、博士生导师。2001 年 7 月毕业于西安交通大学,获工学学士学位,2006 年 4 月毕业于新加坡南洋理工大学,获工学博士学位。曾先后就职于新加坡微电子研究所、新加坡南洋理工大学、德国乌尔姆大学、香港大学。长期从事电磁场与微波技术、射频微波电路与天线集成、计算电磁学、电磁兼容等方面的研究工作。

祝雷,澳门大学讲座教授、博士生导师,国家特聘教授、IEEE Fellow。1985 年 7 月毕业于南京工学院(现为东南大学),获工学学士学位,1988 年 3 月毕业于东南大学,获硕士学位,1993 年 3 月毕业于日本国立电气通信大学,获工学博士学位。曾先后在日本松下寿电子工业株式会社、加拿大蒙特利尔大学工学院、新加坡南洋理工大学任职。2013 年 8 月起就职于澳门大学。一直从事电磁场计算方法、微波无源电路、平面天线、电磁表面等方面的研究工作,发表学术论文 800 余篇,Google Scholar 引用 20000 余次。曾获教育部科学技术进步一等奖(1993 年)、澳门自然科学二等奖(2020、2022 年)、IEEE MTT－S 微波应用奖。

前　言

当前，无线通信系统正朝着多功能、多场景、多用户等方向发展。为满足上述应用需求，多模谐振天线的设计方法应运而生，即高效调控并复用天线的多模阻抗特性与多模辐射特性，以模式维度换取空间维度来突破天线性能。

相较于其他天线设计方法，多模谐振天线设计具备以下优点：

（1）在物理层面上，多模谐振天线的设计方法拓展了可用模式数量，降低了天线单元数，减小了天线堆叠层数，缩减了天线端口数量。

（2）在方法层面上，多模谐振天线的设计方法拓展了天线分析思路，明晰了天线在复杂模式下的物理含义，提升了天线分析效率，实现了天线由"不可用"模式向"可用"模式的转变。

（3）在应用层面上，多模谐振天线的设计方法降低了天线成本，突破了传统天线电性能，释放了传统天线的物理空间。

基于上述优点，越来越多的学者开始关注多模谐振天线，并对其进行了理论、方法及应用方面的创新工作。多模谐振思想最早起源于 1951 年林为干院士首创的"一腔多模"滤波器。此后，多模谐振思想在滤波器中被广泛研究与应用。除滤波器外，大多数天线同样存在多模谐振特性。然而，天线的开放结构引入了复杂多样化的辐射方向图特性，导致多模谐振思想在天线中的应用与发展遇到许多阻碍，例如矩形微带贴片天线的多模大频率比问题、高次模电大尺寸问题、TM_{10} 模窄波束问题、TM_{30} 模高副瓣问题、TM_{12} 模畸变方向图问题等。

在上述背景下，本书对多模谐振天线的基础理论、分析方法及其高性能实现进行了系统、详细且具有前瞻性的阐述。除了基础理论，本书所介绍的内容基本上源于作者的原创性工作，尤其是多模阻抗特性调控与复用方法、多模辐射特性调控与复用方法。结合上述原创性方法，本书还讨论了多模谐振天线在宽带化、多频化、小型化、圆极化、解耦、多天线系统等方面的研究工作，为读者提供了简单直观的物理机制和分析过程，为工程师提供了解决方案和设计灵感。

全书共分为六章，每章内容既有联系又相对独立，使用过程中读者可根据不同需求进行灵活阅读。各章的具体内容如下：

第一章介绍了多模谐振天线的基础理论，主要以微带贴片天线为例，详细阐述了传输线理论、腔模理论、特征理论以及其他理论，从而为高性能天线的设计奠定理论基础。

第二章介绍了多模谐振天线的分析方法，主要以矩形微带贴片天线为例，详细阐述了多模内场分布特性、特定模式激励与抑制方法、多模谐振特性、多模辐射特性，为高性能天线的设计提供方法指导。

第三章介绍了多模谐振天线的阻抗特性调控方法，主要介绍了多模谐振天线的宽带化方法、小型化方法、多频化方法等。

第四章介绍了多模谐振天线的辐射特性调控方法，主要介绍了多模谐振天线的波束展宽方法、增益提升方法、多波束实现方法、方向图重塑方法、交叉极化抑制方法、圆极化实现方法等。

第五章介绍了多模谐振天线的多端口解耦方法，主要介绍了多模谐振天线的双极化解耦方法、单频同极化解耦方法、双频同极化解耦方法、宽带同极化解耦方法等。

第六章介绍了其他多模谐振天线的设计方法，包括多模谐振宽带缝隙天线、多模谐振滤波介质天线、多模谐振漏波天线等。

各章均提供参考文献，各章中提及的参考文献均为该章文献。

在本书的写作过程中，作者得到了众多师生、亲人、领导和朋友们的支持、鼓励和帮助，在此表示衷心的感谢。感谢西安电子科技大学龚书喜教授、傅光教授、刘英教授对作者的支持与鼓励。感谢南京理工大学、南京邮电大学、深圳大学、广东工业大学、西安交通大学、鹏城实验室、南京师范大学、中南大学、暨南大学、澳门大学等高校的老师与博士生提供的支持与鼓励。在本书相应章节中，作者指导的研究生提供了帮助，特此致谢，他们分别是段俊冰、张鹏飞、陈鑫鹏、夏良新、郜森、梁宇栋、孙天坤、亢振军、秦雪雪、黄冰冰、王宗卓、高翔、晏其龙、杜瑞、邹咏健、范嘉珑、郑庚琪等。同时，对西安电子科技大学出版社毛红兵编辑的大力支持表示感谢。

本书的出版受到国家自然科学基金面上项目（No. 61571468，No. 61801348，No. 61971115，No. 62271364）的资助，特此鸣谢。

由于作者能力有限，书中难免存在不足之处，敬请广大读者批评指正，我们的电子邮箱是 nwliu@xidian.edu.cn。

刘能武　孙胜　祝雷
2023 年 10 月于西安

目　　录

第一章 多模谐振天线的基础理论

1.1 引 言

随着现代通信技术的飞速发展，系统核心部件天线正朝多功能、多场景、多用户等应用方向发展。为了满足上述需求，多模谐振天线的设计方法应运而生，即有效调控并复用天线的多个谐振模式。相较于其他设计方法，多模谐振天线具备单元数少、层数少、成本低、效率高、原理清晰、分析简单等特性，因此被广泛应用于现代通信系统。

众所周知，多模谐振天线的设计方法普遍应用于对称振子天线、平面缝隙天线、微带贴片天线、喇叭天线等天线中。相较于其他天线，微带贴片天线具备体积小、重量轻、易于集成等优势，还具备较为完善的模式理论与较为清晰的分析方法。本章以多模谐振微带贴片天线（此天线是基于多模谐振天线设计方法设计的）为代表，介绍相关的基础理论。

1.2 多模谐振微带贴片天线的发展历程

图 1.1 展示了多模谐振微带贴片天线的发展历程。1953 年，乔治·德尚（G. A. Deschamps）首次提出了利用微带线的辐射特性来制作微带贴片天线（Microstrip Patch Antenna，MPA）的设计概念[1]。1972 年，豪威尔（J. Q. Howell）等研究者成功研制出第一批实用型微带贴片天线[2]，从而奠定了其在现代通信系统中的广泛应用。1974 年后，为高效分析与设计微带贴片天线，芒森（R. E. Munson）和德纳里德（A. G. Derneryd）等研究者开展了一系列微带贴片天线传输线模型的理论方法研究，从而高效指导高性能矩形微带贴片天线的设计[3-4]。1979 年，美籍华裔罗远祉教授（Y. T. Lo）提出了腔模理论[5]，其不仅

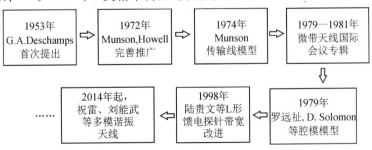

图 1.1 多模谐振微带贴片天线的发展历程

适用于传统矩形贴片，还适用于其他规则的贴片形状。同年，美国新墨西哥州立大学召开了关于微带贴片天线专题的国际学术研讨会。1981 年，IEEE 天线与传播会刊出版了微带贴片天线的相关专辑[6]。至此，微带贴片天线确立了在天线领域内的重要地位。从 1998 年起，香港城市大学陆贵文教授(K. M. Luk)提出了基于 L 型馈电探针的高性能微带贴片天线设计方法[7]。由于高次模的复杂性与局限性，多数研究者主要集中在微带贴片天线的主模研究，而对天线高次模的相关报道较少。

从 2014 年起，澳门大学祝雷教授(L. Zhu)、电子科技大学孙胜教授(S. Sun)、杭州电子科技大学罗国清教授(G. Q. Luo)、电子科技大学肖绍球教授(S. Q. Xiao)、中山大学刘菊华教授(J. H. Liu)、南京邮电大学吕文俊教授(W. J. Lu)、西安电子科技大学刘能武副教授(N. W. Liu)、深圳大学张晓副教授(X. Zhang)等众多学者先后对微带贴片天线的主模与高次模开展了大量研究工作，提炼了多模谐振微带贴片天线的设计方法。近年来，为便于分析多模谐振微带贴片天线的复杂模式特性，部分研究者开展了基于特征模的高性能微带贴片天线的研究工作，其对天线电性能提升起到了促进作用。

当前，多模谐振微带贴片天线的优势主要表现在以下三方面：

（1）在物理结构方面，微带贴片天线拥有得天独厚的低剖面、小体积、轻量化等特点，可广泛应用于导弹、飞机、汽车、人体等需载体共形结构表面，且不破坏载体自身的机械结构、力学性能、飞行性能等。

（2）在加工制作方面，微带贴片天线拥有低成本和大规模生产等优势，简化了整机系统制作与调试过程，便于与有源器件和微波电路一体化集成设计。

（3）在电性能方面，微带贴片天线具备极易实现线极化、圆极化、多频带、多辐射方向图等特性，且不易受安装环境影响。

基于上述特点，微带贴片天线被广泛应用于卫星通信、雷达探测、遥感测距、导弹遥测、电子对抗、武器引信、医疗微波辐射计、毫米波通信等领域，图 1.2 为多模微带贴片天线的常见应用场景。

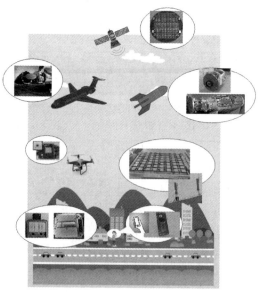

图 1.2 多模微带贴片天线的常见应用场景

同时，多模谐振微带贴片天线也存在诸多缺点，例如带宽窄、增益低、损耗大、功率容量小、交叉极化高等。正是这些缺陷产生的一系列难题导致天线理论研究与性能提升成为长久不衰的研究课题之一，同样也衍生出了许多崭新的研究方向，下面列举几个重要研究方向：

（1）针对传统微带贴片天线的窄带问题，香港城市大学陆贵文教授（K. M. Luk）于 1998 年提出了基于 L 型馈电技术的微带贴片天线频带展宽方法。

（2）针对微带贴片天线的低增益问题，美国休斯敦大学大卫·杰克逊教授（D. R. Jackson）于 1985 年提出了基于介质加载的微带贴片天线增益提升技术。

（3）针对微带贴片天线的高交叉极化问题，新加坡南洋理工大学张跃平教授（Y. P. Zhang）于 2006 年提出了基于差分馈电的微带贴片天线交叉极化抑制方法。

类似地，上述提到的诸多问题与挑战也促进了多模谐振天线的诞生与发展。

1.3　多模谐振微带贴片天线的结构与馈电方式

图 1.3 为微带贴片天线的结构示意图，其主要由金属地板、介质基板、金属辐射贴片、馈电探针四部分组成。金属辐射贴片形状除矩形贴片以外，还有矩形环、三角形、圆形、圆环形、半圆形等，如图 1.4 所示。为简化分析过程，下面以矩形辐射微带贴片天线为对象阐述相关原理和方法。

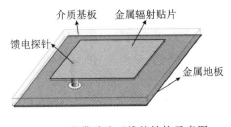

图 1.3　微带贴片天线的结构示意图

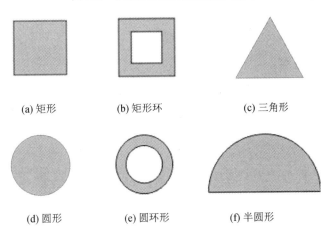

(a) 矩形　　　　　(b) 矩形环　　　　　(c) 三角形

(d) 圆形　　　　　(e) 圆环形　　　　　(f) 半圆形

图 1.4　不同形状的金属辐射贴片

图 1.5 给出了微带贴片天线的常用馈电方式，主要包括微带线馈电、缝隙耦合馈电、共面波导馈电、同轴馈电，这四种馈电方式均由传输线演变而来。

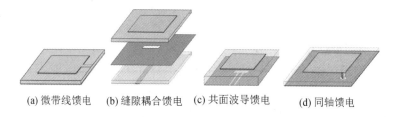

(a) 微带线馈电 (b) 缝隙耦合馈电 (c) 共面波导馈电 (d) 同轴馈电

图 1.5 微带贴片天线的常用馈电方式

以上四种馈电方式简介及其优缺点如下。

（1）**微带线馈电**：微带线与辐射贴片印刷在介质基板的同一平面上，馈线连接至辐射贴片的一边，如图 1.5(a) 所示。优点：采用微带线侧馈方式使天线整体结构简单，便于加工制作和阵列化设计。缺点：由于馈电线与主辐射贴片放置在同一介质基板面上，且馈电线自身存在一定宽度，会导致额外辐射场增加，从而造成天线交叉极化恶化，特别是在毫米波频段，50 Ω 馈电线宽度与主辐射贴片尺寸接近，在此情况下方向图恶化尤为严重。

（2）**缝隙耦合馈电**：在传统微带贴片天线下方添加介质基板，并将微带线印刷在介质基板下方，微带线的电磁能量通过地板缝隙耦合至上层辐射贴片，如图 1.5(b) 所示。优点：缝隙耦合馈电可以等效为理想电壁，从而改善微带贴片天线的交叉极化电平，并且地板上的缝隙谐振或辐射会显著提升微带贴片天线的工作带宽。在微带线上引入特定馈电网络还可以实现滤波、多频、阻带等特性。缝隙耦合馈电方式制作工艺成熟，整体结构简单，便于加工组装，在现代通信系统中应用广泛。缺点：较宽尺寸的微带线或复杂馈电网络会引起不必要的辐射和额外损耗，且地板缝隙会增加后向辐射。

（3）**共面波导馈电**：其在金属地板层引入共面波导传输结构，并延伸至辐射贴片正下方，共面波导传输线末端需添加一个开口槽，如图 1.5(c) 所示。优点：馈电方式简单，不需要引入额外介质基板，也不会在贴片上方引入额外辐射。缺点：来自较长槽的辐射高，导致方向图前后比恶化。为与 50 Ω 接头匹配，共面波导中缝隙结构在毫米波频段加工精度要求较高。

（4）**同轴馈电**：其同轴线内芯直接穿过介质层与上层辐射贴片相电连接，同轴线外皮与下层金属地板相电连接，如图 1.5(d) 所示。优点：同轴馈电结构完全放置在辐射贴片和金属地板之间，不会在贴片上方或下方引入不必要的辐射场。缺点：同轴馈电不利于微带贴片天线的阵列化设计，且针对高剖面微带贴片天线，馈电探针会引入寄生电感与额外辐射场。

1.4 多模谐振微带贴片天线的基础理论

为了高效设计天线阻抗特性与辐射特性，研究者围绕多模谐振微带贴片天线开展了一系列有关基础理论与设计方法的研究，主要包括传输线理论、腔模理论、特征模理论以及其他理论。

1.4.1 传输线理论

早在 1976 年，芒森(R. E. Munson)等研究者首次提出微带贴片天线的传输线理论与方法[3-4]，图 1.6 为矩形微带贴片天线的结构与等效磁流，其核心思想概括如下：将长宽为 a 和 b 的矩形贴片看作沿 z 轴方向无变化且沿 y 轴方向呈驻波变化的谐振器，天线的辐射特性主要由沿 z 轴方向两侧边缘场产生，其可以等效为间距为 b 的两条平行缝隙(长度为 a、宽度为 h)等效磁流源 $\boldsymbol{M}_S$ (S 表示等效源)的叠加。基于图 1.6 中的等效模型，矩形微带贴片天线的等效电路模型如图 1.7 所示，其中 V_1、V_2、I_1、I_2 分别为矩形贴片两端边缘处的电压和电流，L_1 和 L_2 为馈电端口与矩形贴片两个辐射边缘的间距，且 L_1 和 L_2 的总长度为 b，Y_S 为矩形贴片边缘的辐射自导纳，Y_c 为等效传输线的特性阻抗，γ 为等效传输线的复传播常数。

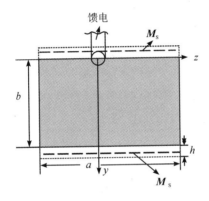

图 1.6 矩形微带贴片天线的结构与等效磁流

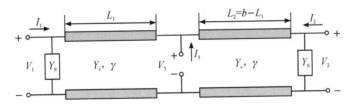

图 1.7 矩形微带贴片天线的等效电路模型

为了提高等效电路精度，可将辐射贴片两边边缘辐射复导纳的耦合效应引入等效电路模型中[8]。图 1.8 为考虑耦合效应后矩形微带贴片天线的等效电路模型，其中 Y_S 表示矩形贴片边缘的辐射自导纳，Y_m 表示耦合效应引起的互导纳，Y_c 表示等效传输线上的特性导纳。

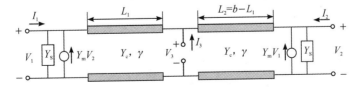

图 1.8 考虑耦合效应后矩形微带贴片天线的等效电路模型

基于图 1.8 所示的考虑耦合效应后等效电路模型，微带贴片天线在输入端口的 $\boldsymbol{Y}$ 矩阵可表示为

$$[\boldsymbol{Y}] = \begin{bmatrix} Y_\mathrm{S} + Y_\mathrm{c}\coth(\gamma L_1) & -Y_\mathrm{m} & -Y_\mathrm{c}\operatorname{csch}(\gamma L_1) \\ -Y_\mathrm{m} & Y_\mathrm{S} + Y_\mathrm{c}\coth(\gamma L_2) & -Y_\mathrm{c}\operatorname{csch}(\gamma L_2) \\ -Y_\mathrm{c}\operatorname{csch}(\gamma L_1) & -Y_\mathrm{c}\operatorname{csch}(\gamma L_2) & Y_\mathrm{c}\coth(\gamma L_1) + Y_\mathrm{c}\coth(\gamma L_2) \end{bmatrix} \quad (1-1)$$

式中，L_1 和 L_2 为馈电端口与矩形贴片两个辐射边缘的间距，γ 表示该传输线上的复传播常数，记为 $\gamma = \alpha + \mathrm{j}\beta$，即将此辐射贴片等效为一段附带损耗的等效传输线。

对于单端口馈电情况（端口 3 为馈电端，电压为 V_3，电流为 I_3），此时式（1-1）中有 $I_1 = I_2 = 0$，则馈电端口 3 的输入导纳 Y_in 可表示为

$$Y_\mathrm{in} = \frac{I_3}{V_3}$$

$$= 2Y_\mathrm{c}\left[\frac{Y_\mathrm{c}^2 + Y_\mathrm{S}^2 - Y_\mathrm{m}^2 + 2Y_\mathrm{S}Y_\mathrm{c}\coth(\gamma b) - 2Y_\mathrm{m}Y_\mathrm{c}\operatorname{csch}(\gamma b)}{(Y_\mathrm{c}^2 + Y_\mathrm{S}^2 - Y_\mathrm{m}^2)\coth(\gamma b) + (Y_\mathrm{c}^2 - Y_\mathrm{S}^2 + Y_\mathrm{m}^2)\cosh(2\gamma\Delta)\operatorname{csch}(\gamma b) + 2Y_\mathrm{S}Y_\mathrm{c}}\right]$$

$$(1-2)$$

式中，$\Delta = |b/2 - L_1| = |b/2 - L_2|$，cosh 表示双曲余弦函数，coth 表示双曲余切函数，csch 表示双曲余割函数。

当微带贴片天线谐振时，其输入导纳 Y_in 的虚部为零，因此仅需求解式（1-2）中虚部为零情况下的方程解，即可获得基于传输线等效电路模型的天线谐振频率特性，式（1-2）中的关键参数如下：

1）微带传输线参数

基于平面波导理论模型，微带传输线的特性阻抗 Z_c、传播常数 β、衰减常数 α 分别表示为

$$Z_\mathrm{c} = \frac{\eta_0}{\sqrt{\varepsilon_\mathrm{e}}}\frac{h}{a_\mathrm{e}}, \; \beta = k_0\sqrt{\varepsilon_\mathrm{e}}, \; \alpha = 0.5\beta\tan\delta_\mathrm{e} \quad (1-3)$$

式中，η_0 为自由空间的波阻抗，k_0 为自由空间的波数，ε_e 为介质基板的等效介电常数，a_e 为金属辐射贴片等效后的宽度，$\tan\delta_\mathrm{e}$ 为介质基板等效后的损耗角正切，h 为介质基板的厚度。

2）辐射自导纳

图 1.9 为矩形微带贴片天线辐射边缘的等效模型，其可将辐射贴片产生的辐射场等效为宽度 Δl 的四条辐射缝隙产生的远场叠加。

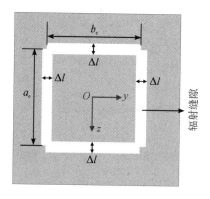

图 1.9　矩形微带贴片天线辐射边缘的等效模型

针对辐射自导纳 $Y_S = G_S + jB_S$，其中 G_S 为辐射自电导，可以进一步等效为长度 a_e、宽度 Δl 的缝隙辐射。因此，G_S 可由等效的四条辐射缝隙求解为

$$G_S = \frac{1}{120\pi^2}\int_0^\pi \sin^2\left(\frac{1}{2}k_0 a_e \cos\theta\right)\tan^2\theta\sin\theta\,\mathrm{d}\theta \tag{1-4}$$

针对电纳 B_S，其可由等效的四条缝隙辐射元求解为

$$B_S = Y_c\tan(\beta\Delta l) \tag{1-5}$$

3）互导纳

针对互导纳 $Y_m = G_m + jB_m$，其实部 G_m 和虚部 B_m 可表示为

$$G_m = G_S F_g K_g \tag{1-6}$$
$$B_m = B_S F_b K_b \tag{1-7}$$

式（1-6）和式（1-7）中，K_g 和 K_b 为考虑有限长度下引入的修正系数，F_g 和 F_b 表示两个无限长缝隙辐射器的互导纳（$g_m + jb_m$）与自导纳（$g_s + jb_s$）在单位长度上的比例，表达式为

$$F_g = \frac{g_m}{g_s};\ F_b = \frac{b_m}{b_s} \tag{1-8}$$

最终，在求解获得微带传输参数、辐射自导纳及互导纳后，即可获得微带贴片天线的输入导纳 Y_{in}，从而对多模谐振微带贴片天线的模式抑制、模式激励、模式谐振频率调控起到指导作用。

1.4.2　腔模理论

虽然第 1.4.1 节中传输线理论具备分析简单、通俗易懂等特点，但是其只适用于内场分布简单的矩形贴片，针对如圆形、环形、弧形等其他规则结构，传输线理论和分析方法较难应用。在此背景下，1979 年，美籍华裔罗远祉教授（Y. T. Lo）首次提出了腔模理论和等效模型[5]，其较为严格地求解了多类规则微带贴片天线的内场分布特性，进而利用等效原理求解出了天线的远区辐射场分布特性，腔模理论的特点是适用于多种规则微带贴片天线，且对其主模与高次模均适用。

图 1.10 为微带贴片天线的腔模理论模型，其主要构建思想如下：

将上层辐射贴片与下层金属地板之间的区域等效为上下是电壁、四周是磁壁的谐振腔，天线的远区辐射场根据空腔四周的等效磁壁来求解。值得说明的是，辐射贴片与金属地板之间的内场分布应满足以下三个条件：

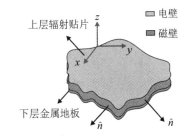

（1）内部电场只有 E_z 分量，内部磁场只有 H_x 和 H_y 分量。

（2）空腔内场不随微带贴片天线的厚度 z 方向变化。　图 1.10　微带贴片天线的空腔理论模型

（3）空腔四周边缘切向磁场等于零。

根据麦克斯韦方程组可知，天线空腔内场满足下列形式（时间因子 $\mathrm{e}^{\mathrm{j}\omega t}$ 已略去）

$$\begin{cases} \nabla \times \boldsymbol{H} = \mathrm{j}\omega\varepsilon\boldsymbol{E} + \boldsymbol{J} \\ \nabla \times \boldsymbol{E} = -\mathrm{j}\omega\mu\boldsymbol{H} \\ \nabla \cdot \boldsymbol{H} = 0 \\ \nabla \cdot \boldsymbol{E} = 0 \end{cases} \tag{1-9}$$

式中，$\boldsymbol{E}$ 为电场强度，$\boldsymbol{H}$ 为磁场强度，ε 为媒质的介电常数，μ 为媒质的磁导率。

考虑到馈源是沿 z 轴的电流源 $\boldsymbol{J}$，且介质基片很薄，可认为 $\boldsymbol{J}$ 不随 z 坐标而变化，因此 $\nabla \cdot \boldsymbol{J} = -\mathrm{j}\omega\rho = 0$，从而结合第四式 $\nabla \cdot \boldsymbol{E} = 0$，对第二式取旋度可知

$$\nabla \times \nabla \times \boldsymbol{E} = \nabla(\nabla \cdot \boldsymbol{E}) - \nabla^2\boldsymbol{E} = -\mathrm{j}\omega\mu_0\nabla \times \boldsymbol{H} \tag{1-10}$$

利用式(1-9)中第一式消去 $\boldsymbol{H}$，可得电场 $\boldsymbol{E}$ 与电流源 $\boldsymbol{J}$ 的关系式为

$$\nabla^2\boldsymbol{E} + k^2\boldsymbol{E} = \mathrm{j}\omega\mu_0\boldsymbol{J} \tag{1-11}$$

式中，k 为波数，其表达式为

$$k = \omega\sqrt{\mu_0\varepsilon} = k_0\sqrt{\varepsilon_{\mathrm{r}}(1 - \mathrm{j}\tan\delta)} \tag{1-12}$$

式中，ε_{r} 为介质基板的相对介电常数，$\tan\delta$ 为介质基板的损耗角正切。由于天线厚度很薄，$\boldsymbol{J} = \hat{z}J_z$，$\boldsymbol{E} = \hat{z}E_z$。因此，式(1-11)可转化为标量方程：

$$(\nabla^2 + k^2)E_z = \mathrm{j}\omega\mu_0 J_z \tag{1-13}$$

采用模展开法求解方程(1-13)，其结果可表示为各本征模的叠加。本征函数 ψ_{mn}（m 表示本征模在 x 方向变化的半周期数，n 表示本征模在 y 方向变化的半周期数）可以由求解无源区域的齐次波动方程得出：

$$(\nabla^2 + k_{mn}^2)\psi_{mn} = 0 \tag{1-14}$$

式中，ψ_{mn} 为内部电场 E_z 中一个模式的解。

根据四周切向磁场为零的边界条件可知：

$$\frac{\partial\psi_{mn}}{\partial\hat{n}} = 0 \tag{1-15}$$

式中，$\hat{n}$ 表示侧面磁壁上的法向变量，如图 1.10 所示，对于规则形状的贴片可以采用分离变量法求出 ψ_{mn} 和 k_{mn}。表 1.1 中列举了常见矩形、圆形、圆弧、圆环、扇形等不同形状贴片的本征函数 ψ_{mn} 和谐振波数 k_{mn}[9]。

表 1.1　不同形状辐射贴片的本征函数 ψ_{mn} 与谐振波数 k_{mn}

不同辐射贴片形状	本征函数 ψ_{mn} 和谐振波数 k_{mn}
	$\psi_{mn} = \cos\left(\dfrac{m\pi x}{a}\right)\cos\left(\dfrac{n\pi y}{b}\right)$ $\qquad$ $k_{mn} = \sqrt{\left(\dfrac{m\pi}{a}\right)^2 + \left(\dfrac{n\pi}{b}\right)^2}$
	$\psi_{mn} = J_n(k_{mn}\rho)\cos(n\varphi)$ $\qquad$ $J_n'(k_{mn}a) = 0$

不同辐射贴片形状	本征函数 ψ_{mn} 和谐振波数 k_{mn}
	$\psi_{mn}=J_{n/2}(k_{mn}\rho)\cos\left(\dfrac{n\varphi}{2}\right)\qquad J'_{n/2}(k_{mn}a)=0,\ a\approx2\pi,\ \upsilon=\dfrac{n}{2}$
	$\psi_{m\upsilon}=J_{\upsilon}(k_{m\upsilon}\rho)\cos(\upsilon\varphi)\qquad \upsilon=\dfrac{n\pi}{\alpha},\ J'_{\upsilon}(k_{m\upsilon}a)=0$
	$\psi_{mn}=\left[N'_{n}(k_{mn}a)J_{n}(k_{mn}\rho)-J'_{n}(k_{mn}a)N_{n}(k_{mn}\rho)\right]\cos(n\varphi)$ $\dfrac{J'_{n}(k_{mn}a)}{N'_{n}(k_{mn}a)}-\dfrac{J'_{n}(k_{mn}b)}{N'_{n}(k_{mn}b)}=0$
	$\psi_{m\upsilon}=\left[N'_{\upsilon}(k_{m\upsilon}a)J_{\upsilon}(k_{m\upsilon}\rho)-J'_{\upsilon}(k_{m\upsilon}a)N_{\upsilon}(k_{m\upsilon}\rho)\right]\cos(\upsilon\varphi)$ $\upsilon=\dfrac{n\pi}{\alpha},\ \dfrac{J'_{\upsilon}(k_{m\upsilon}a)}{N'_{\upsilon}(k_{m\upsilon}a)}-\dfrac{J'_{\upsilon}(k_{m\upsilon}b)}{N'_{\upsilon}(k_{m\upsilon}b)}=0$

由于表 1.1 中所述本征函数均为正交函数，且每个函数满足此时空腔模型内基于式(1-15)构建的边界条件，因此，可用本征函数的线性组合获得式(1-14)的一般解：

$$E_{z}=\sum_{m,n}A_{mn}\psi_{mn} \tag{1-16}$$

展开系数 A_{mn} 需根据激励条件来确定，由式(1-13)和式(1-16)可知

$$\nabla^{2}E_{Z}=\sum_{m,n}A_{mn}\nabla^{2}\psi_{mn}=\mathrm{j}\omega\mu_{0}J_{Z}-k^{2}\sum_{m,n}A_{mn}\psi_{mn} \tag{1-17}$$

将式(1-14)展开为

$$\nabla^{2}\psi_{mn}=-k_{mn}^{2}\psi_{mn} \tag{1-18}$$

将式(1-18)代入式(1-17)中，化简为

$$\sum_{m,n}A_{mn}(k^{2}-k_{mn}^{2})\psi_{mn}=\mathrm{j}\omega\mu_{0}J_{Z} \tag{1-19}$$

在式(1-19)两边乘以 $\psi^{*}_{m'n'}$（＊表示共轭复数），并对其在空腔区域内积分可得

$$\sum_{m,n}A_{mn}(k^{2}-k_{mn}^{2})\int_{s}\psi_{mn}\psi^{*}_{m'n'}\mathrm{d}s=\mathrm{j}\omega\mu_{0}\int_{s}J_{Z}\psi^{*}_{m'n'}\mathrm{d}s \tag{1-20}$$

因为只有 $m=m'$ 且 $n=n'$ 时，ψ_{mn} 和 $\psi^{*}_{m'n'}$ 的内积不为零，故

$$A_{mn}=\frac{\mathrm{j}\omega\mu_{0}}{k^{2}-k_{mn}^{2}}\frac{\langle J_{Z},\ \psi^{*}_{mn}\rangle}{\langle \psi_{mn},\ \psi^{*}_{mn}\rangle} \tag{1-21}$$

式(1-21)中，

$$\langle J_{Z},\ \psi^{*}_{mn}\rangle=\int_{s}J_{Z}\psi^{*}_{mn}\mathrm{d}s\ ;\ \langle \psi_{mn};\ \psi^{*}_{mn}\rangle=\int_{s}\psi_{mn}\psi^{*}_{mn}\mathrm{d}s \tag{1-22}$$

将式(1-21)代入式(1-16)，最终可得微带贴片天线的空腔内场一般解为

$$E_{Z}=\mathrm{j}k_{0}\eta_{0}\sum_{m,n}\frac{1}{k^{2}-k_{mn}^{2}}\frac{\langle J_{Z},\ \psi^{*}_{mn}\rangle}{\langle \psi_{mn},\ \psi^{*}_{mn}\rangle}\psi_{mn} \tag{1-23}$$

当天线在工作频率下，k 很接近某 k_{mn} 值时，式(1-23)分母的 $k^2-k_{mn}^2$ 很小，即式(1-23)在第$(m，n)$项的振幅增大，此时空腔内的场分布主要由第$(m，n)$项模式决定，故称天线工作在第$(m，n)$模。对于分子的$\langle J_z，\psi_{mn}^* \rangle$，天线在不同激励源计算后得到的展开系数不同，导致所产生的内场也不同。因此，针对同一空腔模型下不同激励源 J，对应的模式展开系数不同，所产生的内场分布特性也不同。

值得阐明的是，腔模理论可对任意形状的低剖面微带贴片天线进行求解，对于内场的描述较第 1.4.1 节中传输线理论更为精确。因此，研究者通常采用腔模理论对多模谐振微带贴片天线的阻抗特性和远区辐射场进行求解，这部分内容将在第二章中阐述。

1.4.3 特征模理论

基于特征模理论的分析方法也可以对微带贴片天线的设计提供理论指导，该理论方法于 20 世纪中叶由高尔鲍茨(Garbacz)教授首次提出。此后，哈林顿(Harrington)教授将特征模理论发展成为现在普遍接受的经典形式[10-11]。实际上，特征模理论的分析过程是求解特征模值的过程。下面将对特征模理论以及物理意义[12]作简要介绍。

图 1.11 为无损物体的表面等效原理，i 表示入射场，S 表示散射场，对于具有任意 S 表面的理想电导体(无损耗)，入射电磁波 $\boldsymbol{E}^i(\boldsymbol{r})$ 通过该导体时，其表面会产生电流 $\boldsymbol{J}$。当导体表面产生时变电流时，会向自由空间散射电磁场 $\boldsymbol{E}^S(\boldsymbol{r})$。由于导体表面的能量流动为零，因此散射场 $\boldsymbol{E}^S(\boldsymbol{r})$ 与入射场 $\boldsymbol{E}^i(\boldsymbol{r})$ 存在以下关系：

$$(\boldsymbol{E}^i(\boldsymbol{r})+\boldsymbol{E}^S(\boldsymbol{r}))_{\tan}=0 \tag{1-24}$$

式中，tan 代表电场沿着导体表面 S 的切向分量。

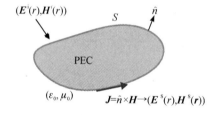

图 1.11 无损物体的表面等效原理

为简化分析过程，将线性算子 L(·)引入式(1-24)，建立导体表面电流 $\boldsymbol{J}$ 与入射场 $\boldsymbol{E}^S(\boldsymbol{r})$之间的关系。由边界条件可知，在理想导体表面上有

$$\boldsymbol{E}_{\tan}^S(\boldsymbol{r})=-[L(\boldsymbol{J})]_{\tan}=-\boldsymbol{E}_{\tan}^i(\boldsymbol{r}) \tag{1-25}$$

由于线性算子 $L(·)$具备阻抗特性，可通过引入算子 $Z(·)$来建立表面电流 $\boldsymbol{J}$ 与入射场$\boldsymbol{E}^S(\boldsymbol{r})$之间的关系

$$Z(\boldsymbol{J})=\boldsymbol{E}_{\tan}^i(\boldsymbol{r})=[L(\boldsymbol{J})]_{\tan} \tag{1-26}$$

式中，$Z(·)$为阻抗算子，也是对称算子，其可以分解为实部 $\boldsymbol{R}$ 和虚部 $\boldsymbol{X}$ 的矩阵。$\boldsymbol{Z}$ 与 $\boldsymbol{R}$、$\boldsymbol{X}$ 的对应关系如下

$$\boldsymbol{Z}=\boldsymbol{R}+j\boldsymbol{X} \tag{1-27}$$

$$\boldsymbol{R}=\frac{\boldsymbol{Z}+\boldsymbol{Z}^*}{2} \tag{1-28}$$

$$X = \frac{Z - Z^*}{2j} \qquad (1-29)$$

式(1-28)与式(1-29)中，Z^* 表示阻抗算子 $Z(\cdot)$ 的共轭。

同时，阻抗算子的特征值方程可表示为

$$ZJ_n = \upsilon_n WJ_n \qquad (1-30)$$

式中，J_n 为特征向量，υ_n 为特征值，W 是 Z 对角化后的矩阵。

若使 $W = R$，$\upsilon_n = 1 + j\lambda_n$，则有

$$XJ_n = \lambda_n RJ_n \qquad (1-31)$$

式(1-31)被称为"广义特征值方程"，其中，R 和 X 为实对称算子，因此从数学角度上不难证明特征电流 J_n 和特征值 λ_n 均为实数。

由坡印廷定理推导可得，理想导体表面电流 J 产生的功率可以分解为模式储存净能量与辐射能量之和，具体表达式如下

$$-\frac{1}{2}\iiint_v E \cdot J^* \, \mathrm{d}V = \frac{1}{2}\oiint_s (E \times H^*)\,\mathrm{d}S + \frac{j\omega}{2}\iiint_v (\mu\,|H|^2 - \varepsilon\,|E|^2)\,\mathrm{d}V \qquad (1-32)$$

结合式(1-24)～式(1-31)，式(1-32)可表示为

$$\frac{1}{2}\langle Z \cdot J, J^* \rangle = \frac{1}{2}\langle R \cdot J, J^* \rangle + j\frac{1}{2}\langle X \cdot J, J^* \rangle \qquad (1-33)$$

式(1-32)中，表达式左右积分均为实数，则有

$$\frac{1}{2}\langle R \cdot J, J^* \rangle = \frac{1}{2}\oiint_s (E \times H^*)\,\mathrm{d}S \qquad (1-34)$$

$$\frac{1}{2}\langle X \cdot J, J^* \rangle = \frac{\omega}{2}\iiint_v (\mu\,|H|^2 - \varepsilon\,|E|^2)\,\mathrm{d}V \qquad (1-35)$$

式中，$\langle R \cdot J, J^* \rangle$ 表示理想导体表面电流 J 辐射出的能量，$\langle X \cdot J, J^* \rangle$ 表示理想导体模式储存净能量。

为满足有效辐射特性，式(1-35)的数值应尽量小，需降低瑞利比方程(Rayleigh ratio)，具体表示为

$$F(J) = \frac{P_{储能}}{P_{辐射}} = \frac{\langle X \cdot J, J^* \rangle}{\langle R \cdot J, J^* \rangle} \qquad (1-36)$$

结合式(1-31)可知，不同模式对应的 R、X 与对应的特征向量 J_n 相互正交，具体表示为

$$\langle J_m, R \cdot J_n \rangle = \langle J_m^*, R \cdot J_n \rangle = \delta_{mn} \qquad (1-37)$$

$$\langle J_m, X \cdot J_n \rangle = \langle J_m^*, X \cdot J_n \rangle = \lambda_n \delta_{mn} \qquad (1-38)$$

$$\langle J_m, Z \cdot J_n \rangle = \langle J_m^*, Z \cdot J_n \rangle = (1 + j\lambda_n)\delta_{mn} \qquad (1-39)$$

其中 δ_{mn} 为克罗内克函数(当 $m = n$ 时，对应 $\delta_{mn} = 1$。当 $m \neq n$ 时，对应 $\delta_{mn} = 0$)。

由式(1-37)～式(1-39)可知，采用特征值 λ_n 来表征电磁能的存储能力。针对 λ_n 的不同取值，其具备以下物理意义：

(1) 当 $\lambda_n = 0$ 时，表示此时对应的模式处于谐振状态，没有储存净能量。

(2) 当 $\lambda_n < 0$ 时，表示此时对应的模式电场储能优于磁场储能，呈现容性模态。

(3) 当 $\lambda_n > 0$ 时，表示此时对应的模式磁场储能优于电场储能，呈现感性模态。

当对应模态有效辐射时，其对应的特征值应为 0，才能有效地辐射能量。对导体上的总电流可以采用特征电流的加权叠加

$$\boldsymbol{J} = \sum_n a_n \boldsymbol{J}_n \tag{1-40}$$

且远区总场可以采用同样的方式进行叠加，结合式（1-26），则有

$$\sum_n a_n Z(\boldsymbol{J}_n) = \boldsymbol{E}_{\tan}^{i}(\boldsymbol{r}) \tag{1-41}$$

式中，a_n 为模式权重系数，表示外加激励情况下第 n 个模式电流 $\boldsymbol{J}_n$ 上对总电流 $\boldsymbol{J}$ 的贡献程度，a_n 与导体自身以及外加激励源均有关。

将式（1-41）代入式（1-39）中，化简为

$$a_n(1 + \mathrm{j}\lambda_n) = \langle \boldsymbol{E}_{\tan}^{i}(\boldsymbol{r}), \boldsymbol{J}_n \rangle \tag{1-42}$$

进一步化简

$$a_n = \frac{\langle \boldsymbol{E}_{\tan}^{i}(\boldsymbol{r}), \boldsymbol{J}_n \rangle}{1 + \mathrm{j}\lambda_n} \tag{1-43}$$

式中，分子部分称为模式激励系数，表示激励源与此时第 n 项特征电流的耦合强弱。模式激励系数的大小取决于外部激励源的位置、幅值、相位、极化等，此系数可以协助确定实际设计中最佳馈电位置。

将式（1-43）中分母项单独列出，则有模式重要系数 MS_n 的定义，其中 MS 表示 Modal Significance，

$$\mathrm{MS}_n = \left| \frac{1}{1 + \mathrm{j}\lambda_n} \right| \tag{1-44}$$

式中，模式重要系数 MS_n 表示在同样激励源的条件下的第 n 项模态下响应程度。MS_n 为模态的固有属性，其取值范围在 0～1。当 MS_n 在某一频率接近于 1 时，此项对应的模式占据主导作用。图 1.12 为传统矩形微带贴片天线的模式重要系数曲线示意图，其在 2～5 GHz 频段范围内激励出四个谐振模式，即 CM1、CM2、CM3、CM4，其中 CM 代表 Characterstic Modes，天线谐振频点分别对应 2.24 GHz、2.58 GHz、3.52 GHz、4.44 GHz。

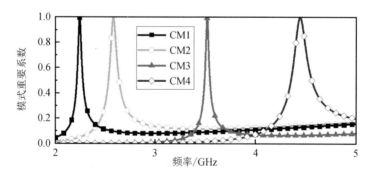

图 1.12　传统矩形微带贴片天线的模式重要系数曲线示意图

此外，导体表面特征电流与导体表面对应的切电场之间的相位差称为特征角 CA_n，其中，CA 表示 Characterstic Angle，

$$\mathrm{CA}_n = 180° - \tan^{-1}\lambda_n \tag{1-45}$$

式中，特征角取值保持在 90°～270° 内，特征角也可表示不同模态对相同激励源的响应程

度。图 1.13 为传统矩形微带贴片天线的特征角曲线示意图。由图 1.13 可知：当特征角大于 90°且小于 180°即 λ_n＞0 时，天线处于感性模态，此时磁场储能占优；当特征角大于 180°且小于 270°即 λ_n＜0 时，天线处于容性模态，此时电场储能占优；当特征角等于 180°即 λ_n＝0 时，天线处于谐振状态。鉴于此，天线在 2～5 GHz 频带范围内激励的四个谐振模式 CM1、CM2、CM3、CM4 对应的谐振频点分别为 2.24 GHz、2.58 GHz、3.52 GHz、4.44 GHz。

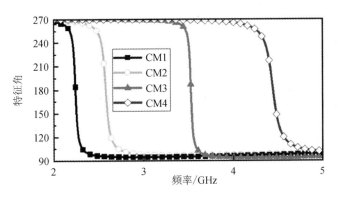

图 1.13 传统矩形微带贴片天线的模式特征角曲线示意图

综上所述，特征模理论可将天线的辐射源分解为无数个模态的叠加，且模态之间相互独立。这种分析方法可以处理规则形状贴片的工作状态，对非规则的贴片或者其他形式的天线也依然适用，特别是近年来对计算机运算能力的提升。

1.4.4 其他理论

除上述常见的传输线理论、腔模理论、特征模理论外，学者还提出了其他多模谐振微带贴片天线的分析理论与方法，例如一般腔模理论、多端口网络理论、全波分析方法等。其中，全波分析方法主要包括谱域积分方程法、空域积分方程法和时域有限差分法。

传输线理论、腔模理论、特征模理论、一般腔模理论、多端口网络理论等，通常在无限大介质基板和金属地板下高效分析多模谐振微带贴片天线，且计算时间较短，但是牺牲了天线求解精度。全波分析方法不但能在无限大介质基板和金属地板下分析多模谐振微带贴片天线，而且在有限大介质基板和金属地板下能够严格求解多模谐振微带贴片天线的阻抗特性与辐射特性。当前，多种电磁仿真软件中已经嵌入了全波分析方法，并将介质损耗、导体损耗、表面波效应等因素纳入分析，从而更加贴近天线实际测试结果。

1.5 本章小结

本章以多模谐振微带贴片天线为代表介绍了相关基础理论，主要包括多模谐振微带贴片天线的传输线理论、腔模理论、特征模理论以及其他理论，从而为后续高性能多模谐振天线的设计提供理论与方法指导。

参 考 文 献

[1] DESCHAMPS G A. Microstrip microwave antennas[C]. 3rd ed. USAF Symposium on Antennas. , 1953.

[2] HOWELL J Q. Microstrip antennas[C]. IEEE AP-S. Int. Symp. Digest，1972：177 - 180.

[3] MUNSON R E. Conformal microstrip antennas and microstrip phased arrays[J]. IEEE Trans. Antennas Propag. 1974，AP - 22：74 - 78.

[4] DERNERYD A G. Linearly polarized microstrip antennas[J]. IEEE Trans. Antennas Propag. , 1976，AP - 24(6)：846 - 851.

[5] LO Y T，SOLOMON D，RICHARDS W F. Theory and experiment on microstrip antennas[J]. IEEE Trans. Antennas Propag. , 1979，27(2)：137 - 145.

[6] CARVER K，MINK J. Microstrip antenna technology[J]. IEEE Trans. Antennas Propag. , 1981，29(1)：2 - 24.

[7] LUK K M，MAK C L，CHOW Y L，et al. Broadband microstrip patch antenna[J]. Electron Lctt. 1998，34(15)：1442 - 1443.

[8] PUES H，CAPELLE A V D. Accurate transmission-Line model for the rectangular microstrip antenna[J]. 1984，131(6)：334 - 340.

[9] 钟顺时. 微带天线理论与应用[M]. 西安：西安电子科技大学出版社，1991.

[10] HARRINGTON R，MAUTZ J. Theory of characteristic modes for conducting bodies[J]. IEEE Trans. Antennas Propag. , 1971，19(5)：622 - 628.

[11] HARRINGTON R，MAUTZ J. Computation of characteristic modes for conducting bodies[J]. IEEE Trans. Antennas Propag. , 1971，19(5)：629 - 639.

[12] CHEN Y K，WANG C F. Characteristic modes：theory and applications in antenna engineering[M]. New York：Joha Wiley&Sone，Inc. , 2015.

第二章　多模谐振天线的分析方法

2.1　引　　言

本章主要针对多模谐振天线的分析方法展开讨论。为简化以及明晰天线分析过程，本章以矩形微带贴片天线为例，分别从多模内场分布特性、特定模式激励与抑制方法、多模谐振特性分析方法、多模辐射特性分析方法切入，详细阐述无效模式的抑制、有效模式的激励、多模谐振频率求解、模式谐振频率提升、模式谐振频率降低、模式宽波束、模式窄波束、模式副瓣电平抑制、模式畸变方向图重塑、模式交叉极化电平抑制等方法，为后续章节的研究内容提供方法指导和技术支撑。

2.2　矩形微带贴片天线的多模内场分布特性

图 2.1 为矩形微带贴片天线的结构示意图，其中 a 为金属辐射贴片的长度，b 为金属辐射贴片的宽度，h 为介质基板的厚度。

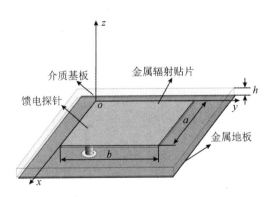

图 2.1　矩形微带贴片天线的结构示意图

当 h 远远小于工作波长 λ_0 时，运用第一章腔模理论中的齐次波动方程(1-14)和边界条件，矩形微带贴片天线在不同模式下的截止波数 k_{mn} 与本征函数 ψ_{mn} 为

$$k_{mn} = \sqrt{\left(\frac{m\pi}{a}\right)^2 + \left(\frac{n\pi}{b}\right)^2} \tag{2-1}$$

$$\psi_{mn} = C_{mn} \cos \frac{m\pi x}{a} \cos \frac{n\pi y}{b} \tag{2-2}$$

式中，C_{mn} 为模式激励系数，m 和 n 等于 $0,1,2,\cdots,m$ 和 n 不同时为 0。

由于式(2-2)所示的本征函数均为正交函数，且每个本征函数均满足空腔模型的边界条件，因此可以认为这些函数的集合是完备的。在此条件下，式(2-2)的一般解可以表示为该本征函数的线性组合，从而得到微带贴片天线在空腔模型内任意一点的内场表达式：

$$
\begin{aligned}
E_Z &= \sum_{m,n} A_{mn} \psi_{mn} \\
&= \sum_{m,n} A_{mn} C_{mn} \cos \frac{m\pi x}{a} \cos \frac{n\pi y}{b} \\
&= \sum_{m,n} B_{mn} \cos \frac{m\pi x}{a} \cos \frac{n\pi y}{b}
\end{aligned} \tag{2-3}
$$

式中，A_{mn} 和 B_{mn} 为展开系数，与 $(k^2 - k_{mn}^2)$ 成反比，具体表达式可参考本章末参考文献[1]。由式(2-3)可知，微带贴片天线在不同频率下对应的截止波数 k_{mn} 不同。当工作频率 f_{mn} 使 k 与 k_{mn} 的值非常接近时，$(k^2 - k_{mn}^2)$ 值很小，导致第 (m,n) 项内场振幅 B_{mn} 值很大，天线内场分布主要由该项决定。

当天线为四分之波长贴片天线时，m 与 n 用 $\frac{m}{2}$ 或 $\frac{n}{2}$ 代替。在此条件下，可以称微带贴片天线工作在第 $\left(\frac{m}{2},n\right)$ 模或 $\left(m,\frac{n}{2}\right)$，或者称天线对 $\mathrm{TM}_{\frac{m}{2},n}$ 或 $\mathrm{TM}_{m,\frac{n}{2}}$ 模谐振。

图 2.2 为矩形微带贴片天线几种常见模式的内场分布，分别为 TM_{01} 模、TM_{02} 模、TM_{21} 模和 TM_{03} 模。

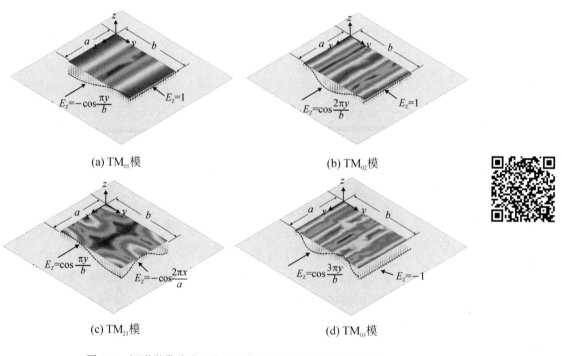

(a) TM_{01} 模   (b) TM_{02} 模

(c) TM_{21} 模   (d) TM_{03} 模

图 2.2　矩形微带贴片天线几种常见模式的内场分布示意图

由图 2.2(a)可知，金属辐射贴片与金属地板间的内场 E_z 沿 x 轴方向无变化时，m 值选取为 0；内场 E_z 沿 y 轴方向变化半个周期(即出现一个内场零点)时，n 值为 1，因此天线工作在 TM$_{01}$ 模。由图 2.2(b)可知，金属辐射贴片与金属地板间的内场 E_z 沿 x 轴方向无变化时，m 值为 0，内场 E_z 沿 y 轴方向变化一个周期(即出现两个内场零点)时，n 值为 2，因此天线工作在 TM$_{02}$ 模。由图 2.2(c)可知，金属辐射贴片与金属地板间的内场 E_z 沿 x 轴方向变化一个周期(即出现两个内场零点)时，m 值为 2，内场 E_z 沿 y 轴方向变化半个周期(即出现一个内场零点)时，n 值为 1，因此天线工作在 TM$_{21}$ 模。由图 2.2(d)可知，金属辐射贴片与金属地板间的内场 E_z 沿 x 轴方向无变化时，m 值为 0，内场 E_z 沿 y 轴方向变化一个半个周期(即出现三个内场零点)时，n 值为 3，因此天线工作在 TM$_{03}$ 模。

值得阐明的是，当微带贴片天线的边界条件被严重破坏后(例如加载短路销钉、缝隙、开路枝节等)，如果继续按照式(2-3)所述的严格数值函数定义来命名模式，会存在数值函数无法理论求解和模式难以命名等挑战，且 m 与 n 值的不断变化也会使模式跟踪混乱。因此，在后续工作中，用内场的轮廓来对改进型的微带贴片天线模式跟踪，此方法在多数文献[2]~[5]中同样采纳。此外，为避免模式命名的混乱，采用特征模中的 CM1、CM2、CM3 等模式按照顺序来命名也是一种避免上述模式命名争议的可行方法。

2.3　特定模式激励与抑制方法

由式(2-3)可知，微带贴片天线在不同模式下对应的内场分布特性差异较大，致使天线产生不同的阻抗特性与辐射特性。因此，当采用多模复用技术实现天线高性能时需要对部分特定模式进行抑制或滤除。以下介绍微带贴片天线的奇偶模内场分布特点、偶模抑制方法及奇模抑制方法。

2.3.1　奇偶模内场分布特点

根据微带贴片天线的内场分布规律，可以将天线模式分为两类：奇次模(内场分布关于贴片中心呈现奇对称)和偶次模(内场分布关于贴片中心呈现偶对称)。奇次模与偶次模存在显著的内场差异性：奇次模的内场幅度在贴片中心处为零(图 2.2 的 TM$_{01}$ 模、TM$_{21}$ 模、TM$_{03}$ 模)，而偶次模的内场幅度在贴片中心处为幅度最大(图 2.2 中的 TM$_{02}$ 模)。

以常见的奇次模(TM$_{01}$ 模、TM$_{03}$ 模)和偶次模(TM$_{02}$ 模)为例，详细对微带贴片天线模式的内场分布特性进行详细阐述。图 2.3 为传统微带贴片在三种模式下的输入电阻响应示意图。图 2.4 为传统微带贴片在三种模式下的内场分布示意图。图 2.5 为传统微带贴片在不同模式下的内场强弱分布示意图。由图 2.5(a)可知，天线 TM$_{01}$ 模的内场幅度最弱点分布在金属辐射贴片中心处。由图 2.5(c)可知，天线 TM$_{03}$ 模的内场幅度最弱点不仅分布在金属辐射贴片中心处，还分布在距离金属辐射贴片边缘六分之一处。然而，由图 2.5(b)可知，天线 TM$_{02}$ 模在金属辐射贴片中心处内场幅度最强。鉴于此，可以利用多模式内场分布的差异性，并借助结构部件(短路销钉、缝隙、开路枝节等)加载技术改变原有内场分布特性，最终实现特定模式的激励与抑制。

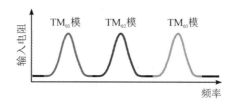

图 2.3 传统微带贴片在三种模式的电阻响应图

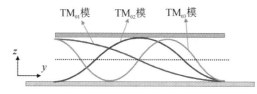

图 2.4 传统微带贴片在三种模式下的内场分布示意图

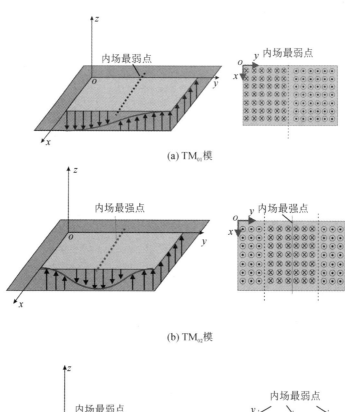

(a) TM₀₁模

(b) TM₀₂模

(c) TM₀₃模

图 2.5 传统微带贴片在不同模式下的内场强弱分布示意图

2.3.2 偶模抑制方法

本节主要介绍天线偶次模的抑制方法。由图 2.5 中内场幅度强弱分布特性可知,天线奇次模与偶次模的最大差异是中心处的内场分布强弱。图 2.6 为传统微带贴片在偶次模抑制下的输入电阻响应示意图。图 2.7 为传统微带贴片在偶次模抑制下的内场分布示意图。由图 2.7 可知,若将贴片中心位置的内场强置改造为理想电壁,则天线对应的奇次模 TM_{01} 模和 TM_{03} 模的中心处原有内场幅度保持不变,其激励特性与谐振特性不受影响,而天线对应的偶次模 TM_{02} 模的中心处原有内场幅度最强特性被破坏,其激励特性与谐振特性被有效抑制。

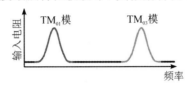

图 2.6 传统微带贴片在偶次模抑制下的输入电阻响应示意图

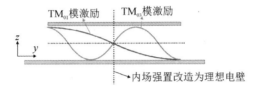

图 2.7 传统微带贴片在偶次模抑制下的内场分布示意图

偶次模抑制的核心思想为:辐射贴片中心最强内场幅度被外界加载器件强置为最弱内场幅度。图 2.8 为微带贴片天线偶次模的常见抑制方法,包括差分馈电、缝隙耦合馈电、金属短路墙加载三种。

(1)差分馈电是最为常用的一种虚拟电壁加载方法,如图 2.8(a)所示,其采用双端口馈电,端口间呈现等幅激励与 $180°$ 相位差,导致在端口连线中垂线处形成一道虚拟电壁,最终破坏了天线偶次模中心处的内场幅度最强属性。

(2)缝隙耦合馈电也是形成虚拟电壁的另一有效方法,如图 2.8(b)所示,其在辐射贴片中心下方的金属地板上蚀刻线性缝隙,并在缝隙两侧形成正负电压差,从而在缝隙中心沿长边方向形成一道虚拟电壁,最终破坏了天线偶次模中心处的内场幅度最强属性。

(3)金属短路墙加载技术是形成电壁的又一有效方法,如图 2.8(c)所示,其沿辐射贴片中心处直接加载一排短路于金属地板的良导体,从而将辐射贴片中心内场强置共地与置零,破坏了天线偶次模中心处内场幅度的最强属性,最终微带贴片天线的偶次模谐振特性被有效抑制或滤除。

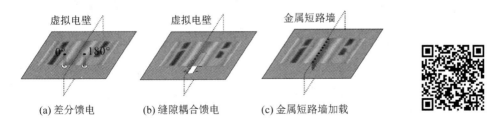

图 2.8 微带贴片天线偶次模的常见抑制方法

2.3.3 奇模抑制方法

本节主要介绍天线奇次模的抑制方法。由图 2.5 中内场幅度强弱分布特性可知，天线奇次模与偶次模的最大差异是中心处的内场分布强弱。图 2.9 为传统微带贴片在奇次模抑制下的输入电阻响应示意图。图 2.10 为传统微带贴片在奇次模抑制下的内场分布示意图，由图可知，若将贴片中心位置的内场强制改造为理想磁壁，则天线对应的偶次模 TM_{02} 模的中心处原有内场幅度保持不变，其激励特性与谐振特性不受影响，而天线对应的奇次模 TM_{01} 模和 TM_{03} 模的中心处原有内场幅度最弱特性被破坏，从而其激励特性与谐振特性被有效抑制。

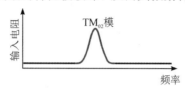

图 2.9 传统微带贴片在奇次模抑制下的输入电阻响应示意图

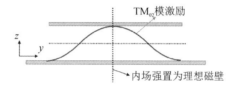

图 2.10 传统微带贴片在奇次模抑制下的内场分布示意图

奇次模抑制的核心思想是：辐射贴片中心最弱内场幅度被外界加载器件强置为最强内场幅度。图 2.11 为微带贴片天线奇次模的常见抑制方法。

（1）等幅同相馈电是最常用的一种虚拟磁壁加载方法，如图 2.11(a) 所示，其采用双端口馈电，端口间为等幅激励与 0°相位差，导致在端口连线中垂线形成一道虚拟磁壁，从而破坏了奇次模中心内场幅度最弱属性。

（2）中心馈电是形成虚拟磁壁的另一有效方法，如图 2.11(b) 所示，其在辐射贴片中心下方直接探针馈电，从而在辐射贴片的中心处强制形成一道磁壁，破坏了奇次模中心内场幅度最弱属性，最终微带贴片天线的奇次模谐振特性被有效抑制或滤除。

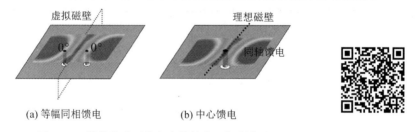

图 2.11 微带贴片天线奇次模的常见抑制方法

2.4 矩形微带贴片天线的多模谐振特性分析方法

在抑制或滤除特定无用模式后，调控微带贴片天线有用模式的谐振频率，从而实现宽频带、多频带等高性能。以下介绍微带贴片天线的多模式谐振频率的求解方法、模式谐振频率的提升方法和模式谐振频率的降低方法。

2.4.1　多模式谐振频率的求解方法

由式(2−1)可知，微带贴片天线在 TM_{mn} 模下的截止波数 k_{mn} 与谐振频率 f_{mn} 的关系式如下

$$k_{mn} = \pi \sqrt{\left(\frac{m}{a}\right)^2 + \left(\frac{n}{b}\right)^2} = k_0 \sqrt{\varepsilon_r} = \frac{2\pi \sqrt{\varepsilon_r} f_{mn}}{c} \qquad (2-4)$$

式中，m 和 n 等于 0，1，2，…，m 和 n 不同时为 0。

根据式(2−4)，可得天线 TM_{mn} 模的谐振频率 f_{mn}

$$f_{mn} = \frac{c}{2\sqrt{\varepsilon_r}} \sqrt{\left(\frac{m}{a}\right)^2 + \left(\frac{n}{b}\right)^2} \qquad (2-5)$$

为了提高式(2−5)中谐振频率 f_{mn} 的求解精度，需要用等效介电常数 ε_e 代替相对介电常数 ε_r。在此条件下，微带贴片天线在 TM_{mn} 模下的谐振频率 f_{mn} 应修正为

$$f_{mn} = \frac{c}{2\sqrt{\varepsilon_e}} \sqrt{\left(\frac{m}{a}\right)^2 + \left(\frac{n}{b}\right)^2} \qquad (2-6)$$

由式(2−6)可知，矩形微带贴片天线的主模与高次模谐振频率呈现离散化分布，且与对应的模式数 m 和 n 成一定比例关系。图 2.12 为矩形微带贴片天线的常见模式。由式(2−6)可知，天线 TM_{02} 模的谐振频率是主模 TM_{01} 模谐振频率的两倍，天线 TM_{40} 模的谐振频率是 TM_{10} 模谐振频率的四倍。由此可见，微带贴片天线的高次模与主模面临大频率比的巨大挑战，导致部分研究者舍弃了高次模的综合分析与复用。

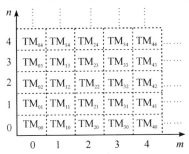

图 2.12　矩形微带贴片天线的常见模式

在此背景下，如何针对性地调控微带贴片天线的多辐射模式，并将多模谐振频率相互靠近或者拉远，从而实现宽频带、多频带等特性是具有挑战性的研究课题之一。国内外研究者开展了一系列关于微带贴片天线的主模与高次模针对性调控的深入研究工作，例如短路销钉加载技术、缝隙加载技术、开路枝节加载技术等，详细设计思路将在第三章中阐述。

2.4.2　模式谐振频率的提升方法

图 2.13 为微带贴片天线的模式谐振频率调控示意图。传统微带贴片天线模式 1 的谐振

频率 f_1 和模式 2 的谐振频率 f_2 间距较大，如图 2.13(a) 所示；通过加载并联电感等器件后，天线模式 1 的谐振频率 f_1 被有效提升至 f_1'，同时天线模式 2 的谐振频率 f_2 保持基本稳定，从而在天线高频 f_2 附近形成双模谐振特性，进而有效展宽微带贴片天线的工作带宽，如图 2.13(b) 所示。同理，此方法也可用作多频天线的设计与实现。

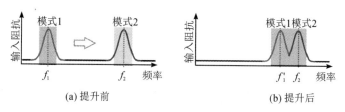

(a) 提升前   (b) 提升后

图 2.13 微带贴片天线的模式谐振频率调控示意图

微带贴片天线特定模式谐振频率的提升可以通过扰动内场分布来实现。为进一步阐明模式提升方法的有效性，图 2.14(a) 建立了基于并联电感 L_s 加载的多模谐振微带贴片天线等效电路。其中，选取矩形微带贴片天线的 TM_{01} 和 TM_{02} 模作为分析对象。由图 2.14(a) 可知，将并联电感加载在 TM_{02} 模的零电压处（即内场幅度最小处），且并联电感加载在天线 TM_{01} 模的内场幅度较强处（即偏离零电压位置）。在此条件下，天线低频 TM_{01} 模的谐振频率被有效提升，且天线高频 TM_{02} 模的谐振频率保持基本稳定。

为了更好展示天线多模谐振频率的移动效果，图 2.14(b) 展示了基于并联电感 L_s 加载的微带贴片天线多模谐振频率计算结果。由图 2.14(b) 可知，随着并联电感 L_s 值的逐渐减小，天线 TM_{01} 模的谐振频率 f_{01} 被有效提升，而天线 TM_{02} 模的谐振频率 f_{02} 几乎无影响。因此，采用上述并联电感加载方法可以实现天线 TM_{01} 模谐振频率与 TM_{02} 模谐振频率的相互靠近与融合。

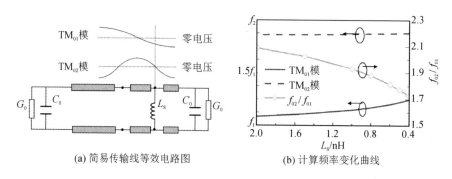

(a) 简易传输线等效电路图   (b) 计算频率变化曲线

图 2.14 基于并联电感 L_s 加载的微带贴片天线多模谐振频率提升示意图

2.4.3 模式谐振频率的降低方法

图 2.15 为微带贴片天线的模式谐振频率调控示意图。传统微带贴片天线模式 1 的谐振频率 f_1 和模式 2 的谐振频率 f_2 间距较大，如图 2.15(a) 所示；通过加载并联电容等器件后，天线模式 2 的谐振频率 f_2 被有效降低至 f_2'，同时保持天线模式 1 的谐振频率 f_1 基本稳定，从而在天线高频 f_1 附近形成双模谐振特性，进而有效展宽微带贴片天线的工作带宽，如图 2.15(b) 所示。同理，此方法也可用作双频天线的设计与实现。

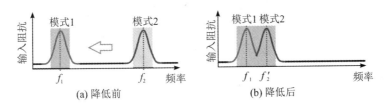

图 2.15 微带贴片天线的模式谐振频率调控示意图

为进一步阐明模式降低方法的有效性,图 2.16(a)建立了基于并联电容 C_S 加载的多模谐振微带贴片天线等效电路。其中,依旧选取矩形微带贴片天线的 TM_{01} 和 TM_{02} 模作为分析对象。由该图可知,将并联电容加载在 TM_{02} 模的零电压处(即内场幅度最小处),且并联电容加载在天线 TM_{01} 模的内场幅度较强处(既偏离零电压位置)。在此条件下,天线高频 TM_{02} 模的谐振频率 f_{02} 被有效降低,且天线低频 TM_{01} 模的谐振频率 f_{01} 保持较小变化。

为了更好展示多模谐振频率的移动效果,图 2.16(b)展示了基于并联电容 C_S 加载的微带贴片天线多模谐振频率计算结果。由图可知,随着并联电容 C_S 值的逐渐增加,天线 TM_{02} 模的谐振频率 f_{02} 被有效降低,而天线 TM_{01} 模的谐振频率 f_{01} 影响较小。因此,采用上述并联电容加载方法可以实现天线 TM_{01} 模谐振频率与 TM_{02} 模谐振频率的相互靠近与融合。

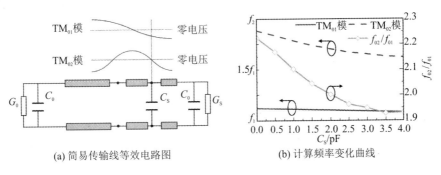

图 2.16 基于并联电容 C_S 加载的微带贴片天线多模谐振频率降低示意图

2.5 矩形微带贴片天线的多模辐射特性分析方法

相较于多模谐振特性,多模辐射特性在高性能天线设计过程中也至关重要。矩形微带贴片天线的多模辐射特性分析思路如下:第一步,求解微带贴片天线的多模内场分布特性;第二步,建立基于多模内场的等效磁流模型;第三步,结合等效磁流,利用等效性原理求得多模谐振天线的远区辐射场。

2.5.1 多模式辐射方向图的求解方法

图 2.17 为矩形微带贴片天线工作在 TM_{mn} 模下的等效磁流分布示意图,由图可知:其等效磁流主要包含 $\boldsymbol{M}_{S1}$、$\boldsymbol{M}_{S2}$、$\boldsymbol{M}_{S3}$、$\boldsymbol{M}_{S4}$,主要分布在金属辐射贴片与金属地板之间的边缘区域。当金属辐射贴片的尺寸为 $a \times b$,结合天线在 TM_{mn} 模下的内场表达式(2 - 3),矩形

微带贴片天线工作在 TM_{mn} 模下的等效磁流可表示为

$$\boldsymbol{M}_\mathrm{S} = -\hat{n} \times \hat{z} E_\mathrm{z} \tag{2-7}$$

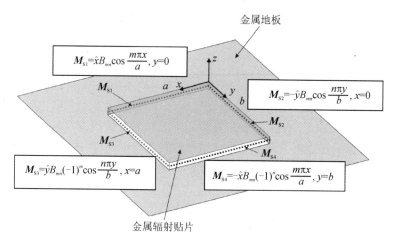

图 2.17　矩形微带贴片天线工作在 TM_{mn} 模下的等效磁流分布示意图

进一步，基于式(2-3)和式(2-7)，可以分别求解出图 2.17 中等效磁流 $\boldsymbol{M}_\mathrm{S1}$、$\boldsymbol{M}_\mathrm{S2}$、$\boldsymbol{M}_\mathrm{S3}$、$\boldsymbol{M}_\mathrm{S4}$ 的函数表达式，具体如下

$$\begin{cases} \boldsymbol{M}_\mathrm{S1} = \hat{x} B_{mn} \cos \dfrac{m \pi x}{a}, \ y = 0 \\[2mm] \boldsymbol{M}_\mathrm{S2} = -\hat{y} B_{mn} \cos \dfrac{n \pi y}{b}, \ x = 0 \\[2mm] \boldsymbol{M}_\mathrm{S3} = \hat{y} B_{mn} (-1)^m \cos \dfrac{n \pi y}{b}, \ x = a \\[2mm] \boldsymbol{M}_\mathrm{S4} = -\hat{x} B_{mn} (-1)^n \cos \dfrac{m \pi x}{a}, \ y = b \end{cases} \tag{2-8}$$

由于等效磁流 $\boldsymbol{M}_\mathrm{S1}$、$\boldsymbol{M}_\mathrm{S2}$、$\boldsymbol{M}_\mathrm{S3}$、$\boldsymbol{M}_\mathrm{S4}$ 产生的远区辐射场可以通过矢位法求解。因此，考虑地板所引起的镜像效应后，等效磁流产生的电矢位 $\boldsymbol{F}$ 为

$$\boldsymbol{F} = \frac{h}{2 \pi r} e^{-jk_0 r} \int_s \boldsymbol{M}_\mathrm{S} e^{jk_0 (x \sin\theta \cos\varphi + y \sin\theta \sin\varphi)} \,\mathrm{d}x\,\mathrm{d}y \tag{2-9}$$

根据电矢位 $\boldsymbol{F}$，微带贴片天线的远区辐射场表达式可求解为

$$\boldsymbol{E} = -\nabla \times \boldsymbol{F} = jk(\hat{\varphi} F_\theta - \hat{\theta} F_\varphi) \tag{2-10}$$

利用球坐标分量与直角坐标分量之间的转换关系，将电矢位 $\boldsymbol{F}$ 用直角坐标分量表示，从而获得远区辐射场的表达式

$$\boldsymbol{E} = \hat{\theta} E_\theta + \hat{\varphi} E_\varphi \tag{2-11}$$

式中，E_θ 和 E_φ 的表示式如下

$$\begin{cases} E_\theta = jk_0(F_x \sin\varphi - F_y \cos\varphi) \\ E_\varphi = jk_0(F_x \cos\varphi + F_y \sin\varphi)\cos\theta \end{cases} \tag{2-12}$$

为明晰不同模式的辐射方向图特性，下面列举了矩形微带贴片天线在 TM_{01} 模、TM_{02} 模、TM_{21} 模、TM_{03} 模下的远区辐射场 E_θ 与 E_φ 表达式，并作归一化处理，具体函数方程如下

$$\text{TM}_{01}\begin{cases} xoz: & E_\theta=0,\ E_\varphi=\cos\theta\left(\dfrac{\sin X}{X}\right) \\[2mm] yoz: & E_\theta=\cos(0.5k_0 b_e\sin\theta),\ E_\varphi=0 \end{cases} \tag{2-13}$$

$$\text{TM}_{02}\begin{cases} xoz: & E_\theta=0,\ E_\varphi=0 \\[2mm] yoz: & E_\theta=\sin(0.5k_0 b_e\sin\theta),\ E_\varphi=0 \end{cases} \tag{2-14}$$

$$\text{TM}_{21}\begin{cases} xoz: & E_\theta=0,\ E_\varphi=\cos\theta\,\dfrac{X\sin X a_e}{\pi^2-X^2} \\[2mm] yoz: & E_\theta=0,\ E_\varphi=0 \end{cases} \tag{2-15}$$

$$\text{TM}_{03}\begin{cases} xoz: & E_\theta=0,\ E_\varphi=\cos\theta\left(\dfrac{\sin X}{X}\right) \\[2mm] yoz: & E_\theta=\cos(0.5k_0 b_e\sin\theta),\ E_\varphi=0 \end{cases} \tag{2-16}$$

式(2-13)～式(2-16)中，X 的表示式为

$$X=\frac{a_e\pi\sin\theta}{\lambda} \tag{2-17}$$

式(2-13)～式(2-17)中，a_e 为表示考虑边缘效应后金属辐射贴片的长度，b_e 为表示考虑边缘效应后金属辐射贴片的宽度。

　　基于式(2-13)～式(2-17)，图 2.18 给出了矩形微带贴片天线在 TM_{01} 模、TM_{02} 模、TM_{03} 模、TM_{21} 模下的等效磁流分布与 E 面归一化电场 E_θ 分量。

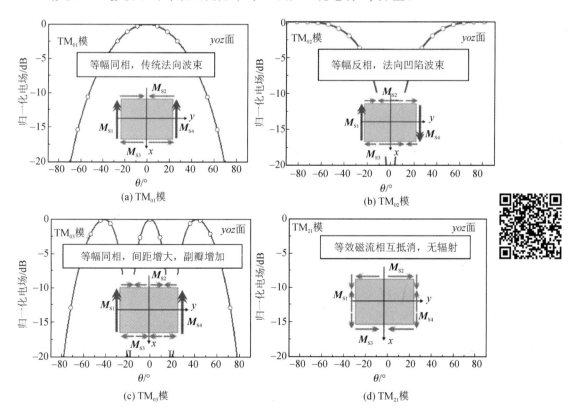

图 2.18　矩形微带贴片天线在不同模式下的等效磁流分布与 E 面归一化电场 E_θ 分量

结合式(2-13)～式(2-17)以及图2.18,以下阐明天线在不同模式下的等效磁流与辐射方向图特性。

(1) 当微带贴片天线工作在TM_{01}模时,其E面辐射方向图主要由等幅同相的红色二元阵等效磁流M_{S1}、M_{S4}产生,由于此二元等效磁流的阵间距较小,导致E面归一化方向图无副瓣产生。同时,贴片上下边缘沿x方向排列的蓝色等效磁流M_{S2}、M_{S3}在上下前后方向相反、相互抵消,从而在E面不产生辐射场,如图2.18(a)所示。

(2) 当微带贴片天线工作在TM_{02}模时,其E面辐射方向图主要由等幅反相的红色二元阵等效磁流M_{S1}、M_{S4}产生,由于此二元等效磁流的反相作用,导致E面归一化方向图在法向方向产生零陷。同时,贴片边缘沿x方向排列的蓝色等效磁流M_{S2}、M_{S3}在上下前后方向相反、相互抵消,从而在E面不产生辐射场,如图2.18(b)所示。

(3) 当微带贴片天线工作在TM_{03}模时,其E面辐射方向图主要由等幅同相的红色二元阵等效磁流M_{S1}、M_{S4}产生。相较于TM_{01}模,天线在TM_{03}模下的二元等效磁流阵间距较大,导致E面归一化方向图出现高副瓣电平。同时,贴片上下边缘沿x方向排列的蓝色等效磁流M_{S2}、M_{S3}在上下前后方向相反、相互抵消,从而在E面不产生辐射场,如图2.18(c)所示。

(4) 当微带贴片天线工作在TM_{21}模时,其上下边缘的蓝色等效磁流M_{S2}、M_{S3}左右抵消,导致在E面不产生辐射场。同时,贴片边缘沿x方向排列的蓝色等效磁流M_{S1}、M_{S4}在上下前后方向相反、相互抵消,也不产生E面辐射场,如图2.18(d)所示。因此,理论上微带贴片天线工作在TM_{21}模下E面无辐射场产生。之前,大多数研究者常常忽略此模式,将其定义为无效模式。然而,通过调控天线TM_{21}模的边缘等效磁流分布,实现方向图波束调控,从而使天线TM_{21}模的E面辐射场与TM_{01}模的E面辐射场保持相似,最终可以变废为宝,这部分内容将在第四章中阐述。

进一步,为了更加直观地展示上述TM_{01}模、TM_{02}模、TM_{03}模、TM_{21}模辐射方向图的多样性,图2.19给出了微带贴片天线在TM_{01}模、TM_{03}模、TM_{02}模、TM_{21}模处的三维方向图。当天线工作在低频TM_{01}模,其具备良好的定向辐射特性,如图2.19(a)所示,因此通常选择此主模来设计高性能微带贴片天线;当天线工作在高频TM_{02}模时,其存在严重的法向凹陷问题,如图2.19(b)所示;当天线工作在高频TM_{03}模时,其存在严重的高副瓣电平问题,如图2.19(c)所示;当天线工作在高频TM_{21}模时,其存在方向图波束畸变的严重缺陷问题,如图2.19(d)所示。鉴于此,为了有效复用天线的多模式特性,需要开展高次模辐射场的针对性理论分析与调控,这部分内容详细阐述如下。

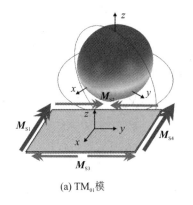
(a) TM_{01}模

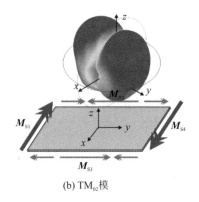
(b) TM_{02}模

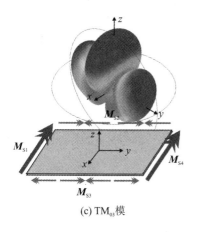
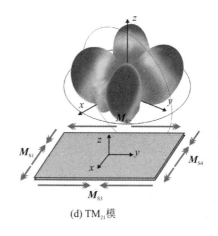

(c) TM$_{03}$模　　　　　　　　　　(d) TM$_{21}$模

图 2.19　微带贴片天线在不同模式处的三维方向图

2.5.2　模式宽波束实现方法

为简化分析过程，本小节以矩形微带贴片天线的 TM$_{01}$ 模为例，阐明天线 E 面方向图的宽波束实现方法。根据式(2-13)可知，微带贴片天线在 TM$_{01}$ 模下的 E 面辐射场 E_θ 与 E_φ 可表示为

$$E_\theta = \cos(0.5k_0 b_e \sin\theta), \ E_\varphi = 0 \qquad (2-18)$$

结合式(2-18)，天线在 TM$_{01}$ 模下的 E 面半功率波束宽度(HPBW)随角度 θ 变化的表达式为

$$\mathrm{HPBW} = 2\theta_{0.5E} = 2\arcsin\frac{\lambda_0}{4b_e} \qquad (2-19)$$

式中，b_e 表示图 2.19(a)中二元等效磁流 $\boldsymbol{M}_{S1}$ 与 $\boldsymbol{M}_{S4}$ 之间的电长度。

由式(2-18)和式(2-19)可知，天线 TM$_{01}$ 模的 E 面半功率波束宽度主要由核心参数 b_e 决定。因此，图 2.20 画出了微带贴片天线 TM$_{01}$ 模的 E 面半功率波束宽度在不同 b_e 值下的变化趋势。传统微带贴片天线的电长度 b_e 通常保持在 $0.35\lambda_0 \sim 0.5\lambda_0$，导致天线的半功率波束宽度局限在 $60° \sim 90°$ 左右，如图 2.20(a)和图 2.20(b)所示；随着电长度 b_e 值的减小，天线半功率波束宽度逐渐增大；当电长度 b_e 等于 $0.25\lambda_0$ 时，天线半功率波束宽度为 $173°$，如图 2.20(c)所示；当电长度 b_e 缩减至 $0.0\lambda_0$ 时(理想情况)，两个红色等效磁流已经完全重叠在一起，对外呈现出单个等效磁流产生辐射场，此时天线半功率波束宽度接近 $180°$，如图 2.20(d)所示。

综上所述，为了获得天线的宽波束特性，应从理论上找到影响天线半功率波束宽度的关键因子 b_e 或者其他参量，有关多模宽波束天线的具体实现过程将在第 4.2 节中详细阐述。

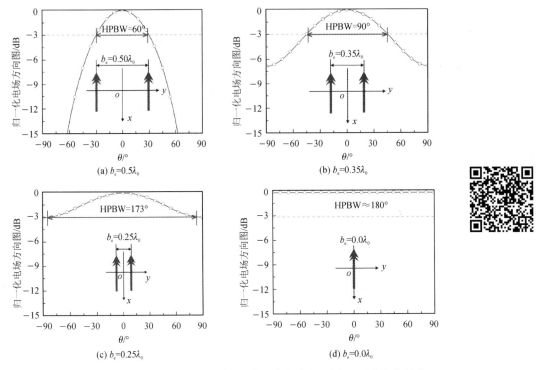

图 2.20   微带贴片天线 TM_{01} 模的 E 面半功率波束宽度在不同 b_e 下的变化趋势

2.5.3   模式窄波束实现方法

相较于宽波束方向图特性，窄波束方向图也是天线领域的重要研究方向之一，其是天线高增益实现的有效途径之一。由图 2.20 可知，微带贴片天线的 TM_{01} 模 E 面半功率波束宽度由关键因子 b_e 决定。本小节仍以微带贴片天线的 TM_{01} 模为例，阐明其 E 面方向图的窄波束实现方法。

图 2.21 为微带贴片天线 TM_{01} 模的 E 面半功率波束宽度在不同 b_e 下的变化趋势。传统微带贴片天线的电长度 b_e 通常保持在 $0.5\lambda_0$ 左右，导致天线半功率波束宽度局限在 $60°$ 左右，如图 2.21(a)所示；随着电长度 b_e 值的增加，天线半功率波束宽度逐渐减小；当电长度 b_e 大于 $0.6\lambda_0$ 时，天线半功率波束宽度压缩到 $49°$ 以下，并且出现了明显的副瓣，如图 2.21(b)与图 2.21(c)所示；当电长度 b_e 增加至 $1.0\lambda_0$ 时，天线半功率波束宽度进一步压缩至 $29°$，且天线的副瓣电平与主瓣电平相似，如图 2.21(d)所示。

除上述方法外，天线的窄波束特性还可以通过引入额外辐射元来获得[6]。图 2.22 为微带贴片天线的 TM_{01} 模在引入缝隙等效磁流前后的对比图。图 2.23 为微带贴片天线的 TM_{01} 模在引入缝隙等效磁流前后的 E 面辐射方向图。由该图可知：当天线引入缝隙等效磁流前，传统微带贴片天线的 E 面远区辐射场仅由一对等效磁流 $\boldsymbol{M}_{S1}$、$\boldsymbol{M}_{S4}$ 产生主极化辐射场，此时天线的 E 面半功率波束宽度较宽；当天线引入缝隙等效磁流后，微带贴片天线不仅由等效磁流 $\boldsymbol{M}_{S1}$、$\boldsymbol{M}_{S4}$ 产生主极化辐射场，还通过缝隙等效磁流 $\boldsymbol{M}_{S5}$ 产生主极化辐射场，此时天线的 E 面半功率波束宽度被压缩，并出现低副瓣特性。

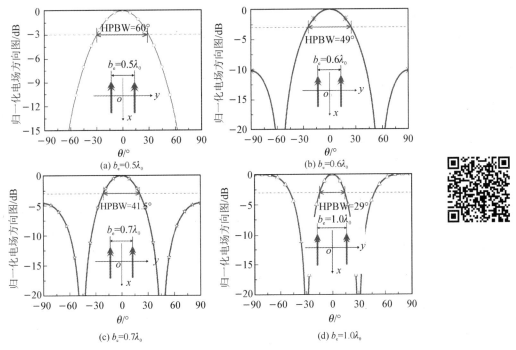

图 2.21　微带贴片天线 TM_{01} 模的 E 面半功率波束宽度在不同 b_e 下的变化趋势

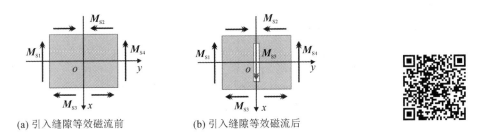

图 2.22　微带贴片天线的 TM_{01} 模在引入缝隙等效磁流前后的对比图

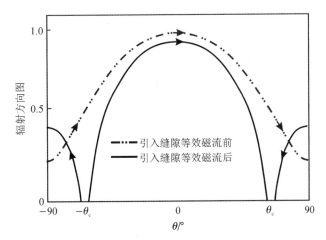

图 2.23　微带贴片天线的 TM_{01} 模在引入缝隙等效磁流前后的 E 面辐射方向图

综上所述，为了获得天线的窄波束特性，应从理论上找到影响天线半功率波束宽度的关键因子 b_e 或者其他参量，有关窄波束天线（即高增益）的具体实现过程将在第 4.3 节中阐述。

2.5.4 模式副瓣电平抑制方法

由图 2.19(c)可知，微带贴片天线在 TM_{03} 模下的 E 面方向图面临高副瓣问题。本节以天线 TM_{03} 模为例，阐明其 E 面副瓣电平抑制方法。

由式(2-16)可知，天线 TM_{03} 模的 E 面副瓣电平仍然由关键因子 b_e 决定。因此，图 2.24 给出了微带贴片天线 TM_{03} 模的 E 面方向图在不同 b_e 下的变化趋势。传统微带贴片天线在 TM_{03} 模下的电长度 b_e 通常保持在 $1.5\lambda_0$ 左右，导致其 E 面方向图的副瓣电平达到了 0 dB；当电长度 b_e 缩减到 $0.6\lambda_0$ 时，天线 TM_{03} 模 E 面方向图的副瓣电平降低至 -10 dB 左右。

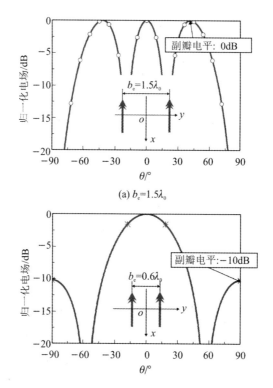

(a) $b_e=1.5\lambda_0$

图 2.24 微带贴片天线 TM_{03} 模的 E 面方向图在不同 b_e 下的变化趋势

除上述问题外，微带贴片天线的高次模面临 H 面方向图的高副瓣缺陷[7]，图 2.25 为微带贴片天线 $TM_{2,1/2}$ 模的 H 面半功率波束宽度在不同等效磁流比值 N 下的变化趋势。针对传统微带贴片天线的 $TM_{2,1/2}$ 模，沿 $+x$ 轴方向的蓝色等效磁流 $\boldsymbol{M}_{S2}$ 与沿 $-x$ 轴方向的红色等效磁流 $\boldsymbol{M}_{S1}$ 的幅度比值 N 为 0.5 时，此时天线 H 面方向图的副瓣电平为 -0.47 dB；当蓝色等效磁流 $\boldsymbol{M}_{S2}$ 与红色等效磁流 $\boldsymbol{M}_{S1}$ 的幅度比值 N 降低到 0.125 时，天线 H 面方向图的副瓣电平降低至 -9.74 dB 左右。

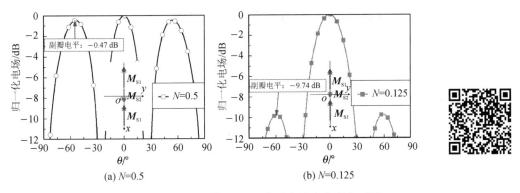

(a) $N=0.5$　　　　　　　　(b) $N=0.125$

图 2.25　微带贴片天线 $TM_{2,1/2}$ 模的 H 面半功率波束宽度在不同
等效磁流比值 N 下的变化趋势

综上所述，为了降低天线的副瓣电平，应从理论上找到影响天线副瓣电平的关键因子，例如电长度 b_e、反向等效磁流的幅度比值等，有关天线副瓣电平抑制的具体实现过程将在第 4.3 节与第 4.5 节中详细阐述。

2.5.5　模式畸变方向图重塑方法

传统微带贴片天线的部分高次模存在辐射方向图畸变问题，例图 2.19(b) 中 TM_{02} 模的法向凹陷、图 2.19(d) 中 TM_{21} 模的多波束方向图。在此背景下，本节将以微带贴片天线的 TM_{02} 模与 TM_{21} 模为例，阐述多模畸变方向图的重塑方法（由法向凹陷到法向辐射）。根据式 (2-14) 可知，微带贴片天线在 TM_{02} 模下的 E 面主辐射场可表示为

$$E_\theta = \sin(0.5k_0 b_e \sin\theta), \quad E_\varphi = 0 \qquad (2-20)$$

图 2.26 为微带贴片天线 TM_{02} 模的 E 面方向图在调控前后的变化趋势。调控前，传统微带贴片天线 TM_{02} 模存在一对等效磁流 M_{S1} 与 M_{S4}，且二者幅度相等、相位相差 180°，从而产生法向凹陷的辐射方向图特性，如图 2.26(a) 所示；调控后，天线 TM_{02} 模的等效磁流 M_{S1} 与 M_{S4} 间的相位差强置为 0°，此时，天线辐射方向图被重塑为法向幅度最大，如图 2.26(b) 所示。具体方法为加载枝节。

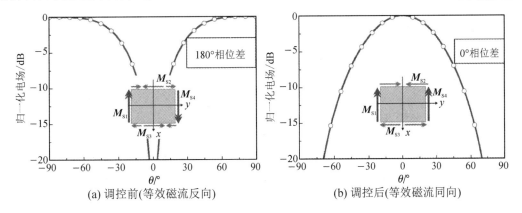

(a) 调控前(等效磁流反向)　　　　　(b) 调控后(等效磁流同向)

图 2.26　微带贴片天线 TM_{02} 模的 E 面方向图在调控前后的变化趋势

根据式 (2-15) 可知，微带贴片天线在 TM_{21} 模下的 E 面辐射场表示为

$$E_\theta = 0, \ E_\varphi = 0 \tag{2-21}$$

图 2.27 为微带贴片天线 TM_{21} 模的 E 面方向图在调控前后的变化趋势。在调控前，天线无缝隙等效磁流 $\boldsymbol{M}_{S5}$，此时天线在 TM_{21} 模下的等效磁流 $\boldsymbol{M}_{S1}$、$\boldsymbol{M}_{S2}$、$\boldsymbol{M}_{S3}$、$\boldsymbol{M}_{S4}$ 相互抵消，导致天线 E 面无辐射场产生，如图 2.27(a) 所示；在调控后，天线有缝隙等效磁流 $\boldsymbol{M}_{S5}$，此时天线在 TM_{21} 模下的辐射场由等效磁流 $\boldsymbol{M}_{S1}$、$\boldsymbol{M}_{S2}$、$\boldsymbol{M}_{S3}$、$\boldsymbol{M}_{S4}$、$\boldsymbol{M}_{S5}$ 共同产生，通过增强等效磁流 $\boldsymbol{M}_{S5}$ 的幅度，天线在 TM_{21} 模下的辐射方向图被重塑为法向幅度最大，且具备宽波束特性，如图 2.27(b) 所示。

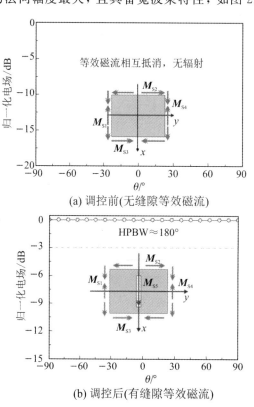

(a) 调控前(无缝隙等效磁流)

(b) 调控后(有缝隙等效磁流)

图 2.27　微带贴片天线 TM_{21} 模的 E 面方向图在调控前后的变化趋势

综上所述，为了重塑天线在高次模下的畸变方向图，应从理论上找到影响天线模式方向图畸变的关键因子，例如反向等效磁流、相互抵消的等效磁流等，有关天线畸变方向图重塑的具体实现过程将在第 4.5 节中详细阐述。

2.5.6　模式交叉极化电平抑制方法

相较于天线主极化方向图，天线交叉极化抑制也是重要研究方向之一。众所周知，传统微带贴片天线的馈电不对称性会导致其在 TM_{01} 模下的非辐射边蓝色等效磁流幅度失衡，从而造成天线 H 面方向图的高交叉极化特性。因此，部分研究者采用缺陷地结构来实现天线 H 面交叉极化的有效降低，相关分析过程在此不再赘述。

相较于传统微带贴片天线，短路壁微带贴片天线(即四分之一波长谐振的微带贴片天线)既存在馈电不对称性，又存在辐射贴片结构的不对称性，导致天线在宽角度域内面临更

为严重的 H 面交叉极化电平。因此，本节将以短路壁微带贴片天线的 $TM_{0,1/2}$ 模为例，阐明天线 H 面交叉极化抑制方法。

图 2.28 为短路壁微带贴片天线 $TM_{0,1/2}$ 模的 H 面交叉极化在调控前后的变化趋势。在调控前，传统短路壁微带贴片天线的 $TM_{0,1/2}$ 模存在一对反向等效磁流 $\boldsymbol{M}_{S1}$ 与 $\boldsymbol{M}_{S4}$，导致天线 H 面的高交叉极化电平（-2.9 dB）缺陷，如图 2.28(a) 所示；在调控后，短路壁微带贴片天线的 $TM_{0,1/2}$ 模存在一对削弱的等效磁流 $\boldsymbol{M}_{S1}$ 与 $\boldsymbol{M}_{S4}$，导致天线 H 面的低交叉极化电平（-18 dB）特性，如图 2.28(b) 所示。

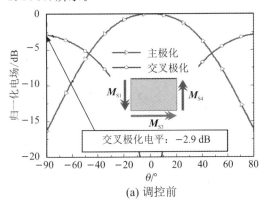 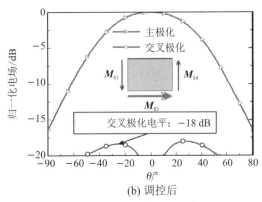

(a) 调控前　　　　　　　　　　　　　　　　　(b) 调控后

图 2.28　短路壁微带贴片天线 $TM_{0,1/2}$ 模的 H 面交叉极化在调控前后的变化趋势

综上所述，为了降低天线在宽角度域内的交叉极化电平，应从理论上找到产生高交叉极化电平的关键因子，例如馈电的不平衡性、反向等效磁流等，有关天线交叉极化电平抑制的具体实现过程将在第 4.6 节中详细阐述。

2.6　本章小结

本章以多模谐振矩形微带贴片天线为例，介绍了其多模内场分布特性、特定模式激励与抑制方法、多模谐振特性分析方法、多模辐射特性分析方法等。关于多模谐振特性分析方法，重点阐述了多模式谐振频率的求解方法、模式谐振频率的提升方法、模式谐振频率的降低方法等。关于多模辐射特性分析方法，重点阐述了多模式辐射方向图的求解方法、模式宽波束实现方法、模式窄波束实现方法、模式副瓣电平抑制方法、模式畸变方向图重塑方法、模式交叉极化电平抑制方法等。本章中多模谐振天线的相关分析方法均可为后续高性能天线的设计提供理论与方法指导。

参 考 文 献

[1]　钟顺时. 微带天线理论与应用[M]. 西安：西安电子科技大学出版社，1991.

[2]　WANG B F, LO Y T. Microstrip antennas for dual-frequency operation[J]. IEEE

Trans. Antennas Propag. , 1984, 32(9): 938 – 943.

[3] ZHONG S S, LO Y T. Single-element rectangular microstrip antenna for dual-frequency operation[J]. Electron. Lett. , 1983, 19(8): 298 – 300.

[4] LIU J H, XUE Q, WONG H, et al. Design and analysis of a low-profile and broadband microstrip monopolar patch antenna[J]. IEEE Trans. Antennas Propag. , 2013, 61(1): 11 – 18.

[5] LIU J H, XUE Q. Broadband long rectangular patch antenna with high gain and vertical polarization[J]. IEEE Trans. Antennas Propag. , 2013, 61(2): 539 – 546.

[6] ZHANG X, ZHU L. Gain-enhanced patch antenna without enlarged size via loading of slot and shorting pins[J]. IEEE Trans. Antennas Propag. , 2017, 65(11): 5702 – 5709.

[7] LIU N W, ZHU L, LIU Z X, et al. Dual-band single-layer microstrip patch antenna with enhanced bandwidth and beamwidth based on reshaped multiresonant modes [J]. IEEE Trans. Antennas Propag. , 2019, 67(11): 7127 – 7132.

第三章 多模谐振天线的阻抗特性调控方法

3.1 引　言

众所周知,微带贴片天线的低剖面特性导致其存在品质因数高、带宽窄等缺陷,制约其在现代通信系统中的应用与发展。在此背景下,如何调控微带贴片天线的阻抗特性并实现宽带化/多频化是热门研究课题之一。根据国内外研究现状,以下是几种常见的阻抗特性调控方法:(1)寄生加载方法,即在主辐射贴片上方引入附属贴片来激励多个谐振频点。(2)馈电网络引入方法,即在天线馈电端口引入额外匹配网络来实现阻抗特性调控与带宽拓展。(3)超材料加载方法,即采用多个分离贴片单元组成的超材料辐射元来实现宽带化。(4)馈电改进方法,即改进馈电探针形状(如 L 形、M 形、H 形等)来产生 LC 谐振,从而拓展天线的工作带宽。(5)缝隙耦合馈电方法,即采用多种缝隙馈电结构(如 H 型、I 型、L 型等)来拓展天线的工作带宽。虽然上述方法可以有效调控微带贴片天线的阻抗特性,并实现了 10% 以上的工作带宽,但是其设计思想多为激励外部器件的谐振模式,舍弃天线自身的高次模式。

除上述方法外,"单腔多模谐振思想"也是解决微带贴片天线所面临窄带问题的重要思路。该思想起源于 1951 年林为干院士首创的"一腔多模"滤波器[1];1972 年德国杜伊斯堡-埃森大学 Ingo Wolff 教授发现双模理论,并成功应用于平面滤波器[2];2005 年祝雷教授采用基于主模与高次模复用的超宽带滤波器设计理论[3];2005 年电子科技大学肖邵球教授采用微带贴片天线 TM_{10} 模与 TM_{01} 模实现低剖面、宽频带及定向辐射特性[4];2012 年杭州电子科技大学罗国清教授融合腔体天线的 TE_{110} 模与 TE_{120} 模实现了宽带特性[5];2013 年中山大学刘菊华教授采用 TM_{01} 模和 TM_{02} 模实现了微带贴片天线的低剖面、宽频带及全向辐射特性[6];2015 年南京邮电大学吕文俊教授与澳门大学祝雷教授共同研制了基于主模和高次模谐振的宽带平面缝隙天线[7];从 2015 年起,澳门大学祝雷教授、西安电子科技大学刘能武副教授共同开展了一系列关于多模谐振天线阻抗特性的调控方法研究。本章主要涵盖多模谐振天线的宽带化方法、小型化方法及多频化方法。

3.2　多模谐振天线的宽带化方法

本小节介绍多模谐振天线的宽带化方法,其在实现过程中主要面临以下三个难题:(1)如何选取微带贴片天线的有效模式。(2)如何移除有效模式间的诸多无效模式。(3)如何解决多个有效模式间的大频率比问题。本节重点介绍这三个难题的解决方法。

3.2.1 基于开路枝节加载的双模宽带微带贴片天线设计方法

图 3.1 为基于开路枝节加载的双模宽带贴片天线的结构示意图，天线主要由辐射贴片、开路枝节、折叠地板、差分馈电、介质基板等结构组成，其中辐射贴片与开路枝节组成了阶跃阻抗谐振器（Step Impedance Resonator，SIR[8]），天线具体设计参数如下：$L=45$ mm、$L_1=40$ mm、$L_3=60.7$ mm、$L_4=360$ mm、$W=150$ mm、$W_1=40$ mm、$W_2=0.2$ mm、$H=0.813$ mm、$H_1=48$ mm，Y_{stub} 为从辐射贴片一端向开路枝节观察的导纳，介质基板的相对介电常数为 3.55、厚度为 0.813 mm。该天线融合了 TM_{10} 模与 TM_{30} 模。

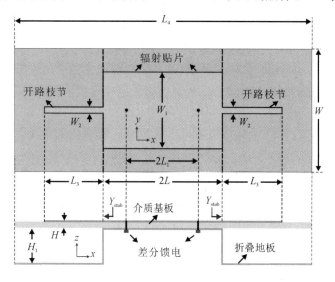

图 3.1　基于开路枝节加载的双模宽带贴片天线结构示意图

针对多模谐振微带贴片天线在宽带化过程中面临的上述三个难题，依次采取以下措施：（1）选取具备相似定向辐射特性的 TM_{10} 模与 TM_{30} 模作为微带贴片天线的有效模式，则上述模式间的 TM_{01} 模、TM_{02} 模、TM_{20} 模、TM_{12} 模及 TM_{21} 模均为无效模式。（2）将馈电探针放置于辐射贴片沿 y 轴方向的中心处，来有效抑制微带贴片天线的 TM_{01} 模与 TM_{21} 模。（3）采用沿 x 轴方向的差分馈电方法来形成电壁，来有效抑制天线的 TM_{02} 模与 TM_{20} 模。（4）采用辐射片宽度 W_1 压缩技术，将微带贴片天线的 TM_{12} 模谐振频率移动到 TM_{30} 模谐振频率之外。（5）利用经典传输线等效模型和 SIR 技术，理论求解微带贴片天线 TM_{10} 模与 TM_{30} 模的阻抗特性，并拉近双模谐振频率以实现宽带特性。

天线实现双模宽带匹配的步骤如下：

第一步，为简化分析过程，将图 3.1 中的折叠地板结构替换为平面地板结构，如图 3.2 所示，其中 $L_2=L-L_1$。

基于经典传输线理论，图 3.3 建立了基于开路枝节加载的平面地板微带贴片天线等效传输线模型，其中 Y_1 为中间辐射贴片的特性导纳（相位常数为 β），Y_2 为边缘开路枝节的特性导纳（相位常数为 β_1），$Y_s=G_s+jB_s$ 为辐射贴片边缘上的自导纳，$Y_m=G_m+jB_m$ 为辐射贴片边缘上的互导纳，L_{probe} 为馈电探针引入的等效电感，V_+、V_- 分别为差分馈电端口的

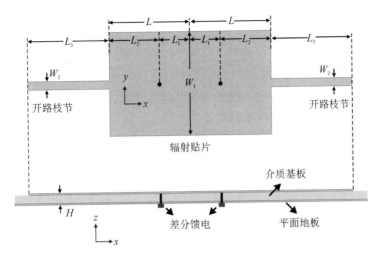

图 3.2　基于开路枝节加载的平面地板微带贴片天线结构示意图

正负电压，V_1、V_2 分别为辐射贴片边缘与地板间的电压。

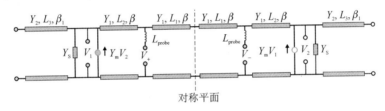

图 3.3　基于开路枝节加载的平面地板微带贴片天线等效传输线模型

　　第二步，考虑图 3.3 中等效传输线模型的差分馈电方式（两馈电端口幅度相等，相位相差 $180°$），辐射贴片中心对称平面可等效为虚拟电壁接地，从而可将图 3.3 所示的等效电路模型简化为如图 3.4 所示的模型，其中 Y_{inL} 为天线馈电端口向左观察的输入导纳，Y_{inR} 为天线馈电端口向右观察的输入导纳。

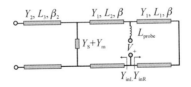

图 3.4　基于开路枝节加载的平面地板微带贴片天线简化传输线模型

　　基于图 3.4 中的等效电路模型，输入导纳 Y_{inL} 可求解为

$$Y_{inL} = \frac{Y_s + Y_m + j \cdot Y_2 \tan(\beta_1 L_3) + j \cdot Y_1 \tan(\beta L_2)}{1 - \frac{Y_2}{Y_1}\tan(\beta L_2)\tan(\beta_1 L_3) + j \cdot \frac{(Y_s + Y_m)}{Y_1}\tan(\beta L_2)} \qquad (3-1)$$

同理，输入导纳 Y_{inR} 可求解为

$$Y_{inR} = -j \cdot Y_1 \cot(\beta L_1) \qquad (3-2)$$

　　结合式（3-1）与式（3-2），基于开路枝节加载的微带贴片天线输入导纳 Y_{in} 可表示为

$$Y_{in} = \cfrac{1}{j\omega L_{probe} + \cfrac{1}{Y_{inL} + Y_{inR}}} \qquad (3-3)$$

由于介质基板厚度 H 远小于自由空间波长，馈电探针引入的 L_{probe} 值可以忽略不计。在此背景下，令 $L_1 \doteq L$、$\theta = \beta L$、$\theta_3 = \beta_1 L_3$，并代入式（3-1）与式（3-2）中，天线在馈电端口处的总输入导纳 Y_{in} 可进一步简化为

$$Y_{in} = G_s + G_m + j \cdot (Y_2 \tan\theta_3 - Y_1 \cot\theta + B_s + B_m) \qquad (3-4)$$

式中，B_s 和 B_m 的表达式为

$$B_s = Y_1 \cdot \tan(\beta \cdot \Delta L) \qquad (3-5)$$

$$B_m = B_s \cdot F_b \cdot K_b = Y_1 \cdot \tan(\beta \cdot \Delta L) \cdot F_b \cdot K_b \qquad (3-6)$$

式（3-5）~式（3-6）中，ΔL 为考虑贴片边缘效应后延伸出来的长度，F_b 的含义参照式（1-8），K_b 为考虑有限长度下引入的修正系数。当等效电路谐振时，天线在馈电端口的输入导纳 Y_{in} 虚部应等于 0。此时，天线 TM_{10} 模与 TM_{30} 模的谐振频率均应满足以下关系式

$$Y_2 \tan\theta_3 = Y_1 \cot\theta - B_s - B_m \qquad (3-7)$$

由于式（3-7）为超越方程，天线在不同模式下的谐振频率数值函数难以求解。因此，需要用 MATLAB 分别画出式（3-7）左边方程与式（3-7）右边方程的函数曲线，如图 3.5 所示。由图 3.5 可知，两条曲线的第一个交点对应微带贴片天线的 TM_{10} 模，两条曲线的第二个交点对应微带贴片天线的 TM_{30} 模。

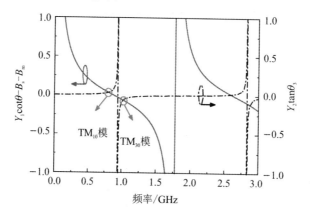

图 3.5　表达式（3-7）左右两边函数曲线图

第三步，为讨论开路枝节对天线 TM_{10} 模与 TM_{30} 模谐振频率的影响，需引入两个核心参量：SIR 阻抗比 $R_z = Y_1/Y_2$ 和 SIR 电长度比 $u = \theta_3/\theta$。此时，式（3-7）可进一步简化为

$$\tan(u\theta) = R_z [\cot\theta - \tan(\beta \cdot \Delta L)(1 + F_b \cdot K_b)] \qquad (3-8)$$

由式（3-8）可知，微带贴片天线 TM_{30} 模与 TM_{10} 模的频率比 f_3/f_1 与阻抗比 R_z、电长度比 u 密切相关，相关结果如图 3.6 所示。当 R_z 逐渐增加时，双模频率比 f_3/f_1 的值随之降低，且 u 取 1 时，f_3/f_1 的值最小。为最大限度拉近 TM_{30} 模与 TM_{10} 模的谐振频率，使阻抗比 R_z 的值应尽可能大，电长度 u 的值应尽可能趋近 1。

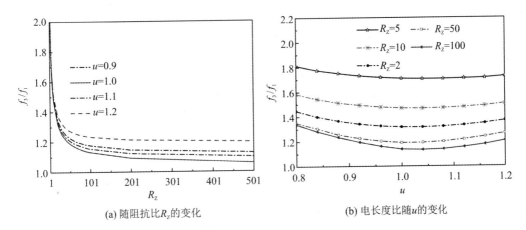

(a) 随阻抗比 R_z 的变化　　　　　(b) 电长度比随 u 的变化

图 3.6　贴片天线 TM_{30} 模与 TM_{10} 模的频率比 f_3/f_1 随阻抗比 R_z 与电长度比 u 的变化趋势

为了获得最大阻抗比 R_z，下面讨论微带线的特征阻抗 Z，其表达式如下

$$Z = \frac{\sqrt{\mu_0}\, H}{\sqrt{\varepsilon_{eff}\varepsilon_0}\, W_{eff}} \qquad (3-9)$$

式中，W_{eff} 为微带传输线的宽度，ε_{eff} 为介质基板的等效介电常数，H 为介质基板的厚度。

第四步，由式(3-9)可知，微带传输线的特征阻抗 Z 与微带传输线宽度 W_{eff} 成反比。因此，SIR 阻抗比 R_z 值可以通过减小开路枝节的宽度来提升，但天线加工工艺的局限性导致开路枝节宽度仅能降低到 0.2 mm。此时，基于开路枝节加载的平面地板微带贴片天线在 TM_{10} 模和 TM_{30} 模下的 S 参数曲线如图 3.7 所示，在图 3.7 中，上述双模谐振频率比仅能降低到 1.27 左右。

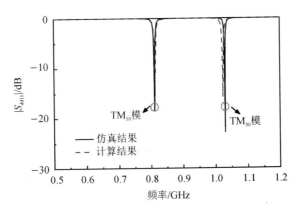

图 3.7　基于开路枝节加载的平面地板微带贴片天线在 TM_{10} 模和 TM_{30} 模下的 S 参数曲线

同时，由式(3-9)可知，微带传输线的特征阻抗 Z 与介质基板厚度 H 成正比。因此，SIR 阻抗比 R_z 值还可以通过增加开路枝节与金属地板间高度来提升。在此条件下，图 3.8(a)给出了基于开路枝节加载的双模宽带贴片天线结构图，其中开路枝节下方的平面地板结构被折叠地板结构替换。此时，基于开路枝节加载的双模宽带贴片天线对应的等效电路如图 3.8(b)所示，其中 $Y_{S1} + Y_{m1}$ 为开路枝节的辐射导纳。值得说明的是，折叠地板不但增加了阻抗比 R_z，而且增强了开路枝节的辐射性能，这在多模谐振贴片天线的宽带化过程中至关重要。

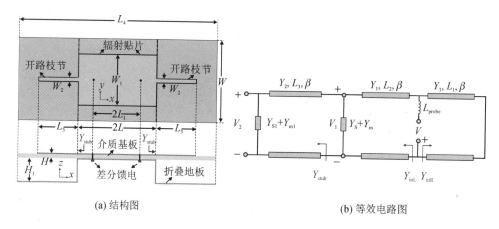

(a) 结构图   (b) 等效电路图

图 3.8 基于开路枝节加载的双模宽带贴片天线结构图与等效电路图

第五步，依据图 3.8 所示的天线结构进行加工制作，相关实物如图 3.9 所示。该天线的仿真与测试结果如图 3.10 所示。由图 3.10 可知：贴片天线在工作频段 0.85～0.94 GHz（10%）内出现了双模宽带谐振特性，如图 3.10（a）所示；同时，微带贴片天线在 0.85～0.94 GHz 频带内的增益保持在 7.4～8.5 dBi 之间；此外，内场分布结果也验证了所设计多模谐振微带贴片天线在低频工作在 TM_{10} 模、在高频工作在 TM_{30} 模，如图 3.10（b）所示。

图 3.9 基于开路枝节加载的双模宽带贴片天线加工实物图

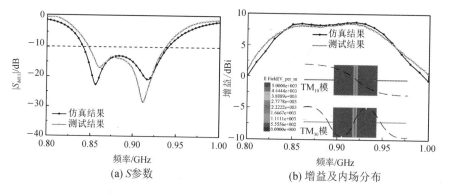

(a) S 参数   (b) 增益及内场分布

图 3.10 基于开路枝节加载的双模宽带贴片天线仿真与测试结果

综上所述，采用差分馈电技术抑制了天线偶次模的谐振特性；采用辐射片压缩技术，将天线 TM_{12} 模的谐振频率移动到 TM_{10} 模和 TM_{30} 模的谐振频带之外；采用 SIR 技术将天线 TM_{10} 模和 TM_{30} 模的谐振频率拉近；采用折叠地板结构进一步拉近了天线 TM_{10} 模和 TM_{30} 模的谐振频率。最终，所设计的多模谐振微带贴片天线具备宽频带、稳定增益、高效率、低交叉极化等特性。

3.2.2　基于短路销钉加载的低剖面双模宽带微带贴片天线设计方法

第 3.2.1 节中，虽然通过 SIR 技术调控天线 TM_{10} 模和 TM_{30} 模的谐振频率实现了微带贴片天线的多模宽带特性，但是此方法仍以牺牲天线剖面为代价。在此背景下，本节将讨论基于短路销钉加载的低剖面宽带微带贴片天线设计方法[9]，该方法融合了天线的 TM_{10} 模与 TM_{30} 模。

图 3.11 为基于短路销钉加载的低剖面双模宽带微带贴片天线结构示意图，天线主要由辐射贴片、短路销钉、微带馈线、地板、缝隙、介质基板 1、介质基板 2 等部件组成，天线具体参数如下：$L=140$ mm、$L_1=200$ mm、$L_2=100$ mm、$L_{slot}=31$ mm、$L_S=8.15$ mm、$L_{feed}=9.85$ mm、$W=50$ mm、$W_{feed}=1.82$ mm、$W_{slot}=0.3$ mm、$R=2$ mm、$S_1=98$ mm、$S_2=32.5$ mm、$H=1.8$ mm，介质基板 1 的相对介电常数为 1.96、厚度为 1.27 mm，介质基板 2 的相对介电常数为 3.38、厚度 0.813 mm。

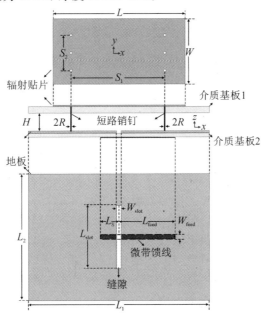

图 3.11　基于短路销钉加载的低剖面双模宽带微带贴片天线结构示意图

针对 SIR 技术牺牲天线剖面的问题，依次采取以下措施：

第一步，选取 TM_{10} 模与 TM_{30} 模作为微带贴片天线的有效模式。

第二步，采用缝隙耦合馈电方法形成的虚拟电壁抑制天线偶次模。

第三步，将辐射贴片的宽度 W 降低到 $0.6L$ 以下，从而使天线 TM_{12} 模的谐振频率移动到 TM_{10} 模与 TM_{30} 模的工作频带之外。

第四步，采用短路销钉加载方法扰动双辐射模内场分布，短路销钉加载的基本原理如下：一方面，短路销钉加载在 TM_{10} 模内场幅度较大处，破坏原有内场幅值分配、提升谐振频率；另一方面，短路销钉也加载在 TM_{30} 模内场幅度最弱处，从而微弱扰动原有内场幅值、保持谐振频率的基本稳定。

基于上述短路销钉加载原理，微带贴片天线在不同短路销钉数量下 TM_{10} 模与 TM_{30} 模的阻抗特性变化趋势如图 3.12 所示。由图 3.12 可知：当无短路销钉加载时，微带贴片天线 TM_{30} 模与 TM_{10} 模的谐振频率比保持在 3 左右，如图 3.12(a)所示；随着短路销钉个数的不断增加，天线 TM_{10} 模的谐振频率被显著推高，而天线 TM_{30} 模的谐振频率基本保持不变(图 3.12(b)～图 3.12(c))；当短路销钉加载至六个时，微带贴片天线 TM_{30} 模与 TM_{10} 模的谐振频率相互靠近并形成低剖面宽带特性，如图 3.12(d)所示。

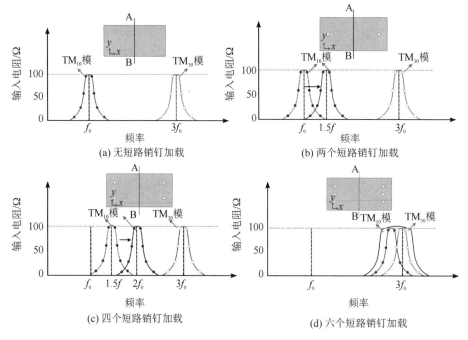

图 3.12　微带贴片天线在不同短路销钉数量下 TM_{10} 模与 TM_{30} 模的电阻特性变化趋势

为了验证上述 TM_{10} 模与 TM_{30} 模的正确性，图 3.13 给出了基于短路销钉加载的双模宽带微带贴片天线的内场分布图。由图 3.13 可知，虽然模式内场幅度分布发生了显著改变，但是其轮廓仍然与传统微带贴片天线 TM_{10} 模与 TM_{30} 模的内场分布规律一致。在此准则下，依旧判定微带贴片天线工作在 TM_{10} 模与 TM_{30} 模。值得说明的是，如果此处以波长与尺寸的比值来定义，天线模式在不同销钉加载下的模式名称会发生变化，易混淆。鉴于此，本节用内场轮廓来跟踪与命名天线模式。

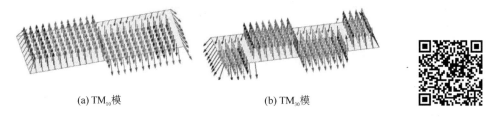

(a) TM_{10} 模　　　　　　(b) TM_{30} 模

图 3.13　基于短路销钉加载的双模宽带微带贴片天线的内场分布图

　　第五步，依据图 3.11 所示的天线结构进行加工制作，相关实物如图 3.14 所示。该天线的仿真与测试 S 参数结果如图 3.15 所示。由图 3.15 可知：所设计天线在工作频段 2.32～2.70 GHz(15.1%)内出现了双模宽带特性，且天线剖面仅为 $0.032\lambda_0$。(λ_0 为中心频率下自由空间波长)，如图 3.15(a) 所示；所设计天线在 2.32～2.70 GHz 频带内的增益保持在 3～6.8 dBi 之间，从而使天线具备相对稳定的辐射增益特性，如图 3.15(b) 所示。

图 3.14　基于短路销钉加载的双模宽带微带贴片天线加工实物图

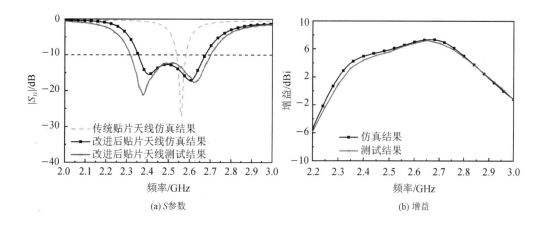

(a) S 参数　　　　　　　　　　(b) 增益

图 3.15　基于短路销钉加载的双模宽带微带贴片天线的仿真与测试结果

　　综上所述，采用缝隙耦合馈电技术抑制了天线偶次模的谐振特性；采用辐射片窄边压缩技术，将天线 TM_{12} 模的谐振频率移动到 TM_{10} 模和 TM_{30} 模的谐振频带之外；采用短路销钉加载技术，提升了天线 TM_{10} 模谐振频率，并保持天线 TM_{30} 模的谐振频率的基本稳定。最终，所设计的多模谐振天线具备低剖面、宽频带、稳定增益、高效率、低交叉极化等特性。

3.2.3　基于缝隙加载的低剖面双模宽带贴片天线设计方法

　　除开路枝节与短路销钉加载方法外，缝隙加载也是调控微带贴片天线多模阻抗特性的有效方法之一。在此背景下，本节讨论基于缝隙加载的低剖面双模宽带微带贴片天线设计方法[10]，该方法融合了天线的 TM_{10} 模与 TM_{30} 模。

图 3.16 为基于缝隙加载的低剖面双模宽带微带贴片天线结构示意图，天线主要由辐射贴片、缝隙 1、缝隙 2、短路销钉、差分馈电、介质基板、地板等结构组成，天线具体参数如下：$L=140$ mm、$L_1=52.2$ mm、$L_2=36$ mm、$L_g=200$ mm、$W=60$ mm、$W_1=1$ mm、$W_g=130$ mm、$S_1=98$ mm、$S_2=39$ mm、$S_3=91$ mm、$D=34$ mm、$R=2$ mm、$H=3$ mm，介质基板的相对介电常数为 1.96、厚度为 1.27 mm。

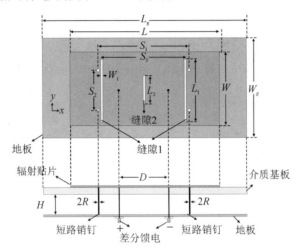

图 3.16 基于缝隙加载的低剖面双模宽带微带贴片天线结构示意图

针对多模微带贴片天线在宽带化过程中面临的上述三个难题，分别采取以下措施：

第一步，选取微带贴片天线的 TM_{10} 模与 TM_{30} 模作为有效模式。

第二步，采用差分馈电方法抑制微带贴片天线的无效模式（TM_{01} 模、TM_{02} 模、TM_{20} 模、TM_{21} 模等）。

第三步，将辐射贴片的宽度 W 与长度 L 比值降低到 0.43，从而使微带贴片天线的 TM_{12} 模谐振频点移出到 TM_{10} 模与 TM_{30} 模的工作频带之外。

第四步，采用短路销钉和缝隙加载方法分别扰动 TM_{10} 模与 TM_{30} 模的内场分布特性。缝隙加载的基本原理如下：一方面，缝隙加载在 TM_{10} 模内场幅度较大处，从而微弱影响原有内场幅值分配、保持谐振频率的基本稳定；另一方面，缝隙也加载在 TM_{30} 模内场幅度最弱处，从而显著破坏原有内场幅值分配、降低谐振频率。

基于上述缝隙加载原理，微带贴片天线在销钉与缝隙加载下的阻抗特性变化趋势如图 3.17 所示。由图 3.17 可知：在无任何加载时，天线 TM_{30} 模与 TM_{10} 模的谐振频率比保持在 3 左右，如图 3.17(a) 所示；在加载短路销钉后，天线 TM_{10} 模的谐振频率被显著推高，而天线 TM_{30} 模的谐振频基本保持不变，如图 3.17(b) 所示；在加载短路销钉与缝隙 1 后，天线 TM_{30} 模的谐振频率被显著拉低，而天线 TM_{10} 模的谐振频率基本保持不变，如图 3.17(c) 所示；在加载短路销钉、缝隙 1 及缝隙 2 后，天线在宽频带内实现了良好匹配特性，如图 3.17(d) 所示。

为了验证上述 TM_{10} 模与 TM_{30} 模的正确性，图 3.18 给出了基于缝隙加载的低剖面双模宽带微带贴片天线内场分布图。由图 3.18 可知，虽然模式内场幅度分布发生了显著改变，但是其轮廓仍然与传统微带贴片天线 TM_{10} 模与 TM_{30} 模的内场分布规律一致。在此准则下，依旧判定微带贴片天线工作在 TM_{10} 模与 TM_{30} 模。

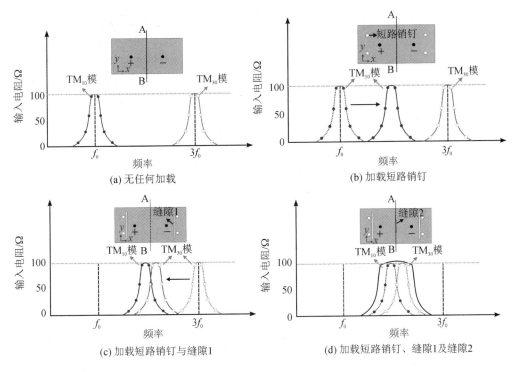

图 3.17　基于缝隙加载双模宽带微带贴片天线的电阻特性变化趋势

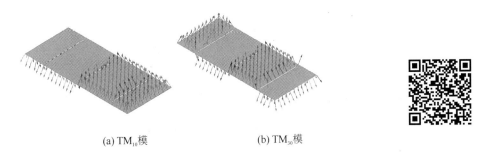

图 3.18　基于缝隙加载的低剖面双模宽带微带贴片天线内场分布图

第五步，依据图 3.16 所示的天线结构进行加工制作，相关实物如图 3.19 所示。该天线的仿真与测试 S 参数结果如图 3.20 所示。由图 3.20 可知：微带贴片天线在工作频段 1.88～2.14 GHz(13%)内出现了双模宽带谐振特性，且天线剖面仅为 $0.029\lambda_0$，如图 3.20 (a)所示；同时，天线在 1.88～2.14 GHz 频带内的增益在 5.8～7.0 dBi 间波动，从而具备相对稳定的辐射增益特性，如图 3.20(b)所示。相较于第 3.2.2 节中双模宽带天线，该天线通过加载缝隙缩减了横向电尺寸。

综上所述，采用差分馈电技术抑制了偶次模的谐振特性；采用辐射片压缩技术将 TM_{12} 模的谐振频率移动到 TM_{10} 模和 TM_{30} 模的谐振频带之外；采用两对短路销钉加载技术提升了天线 TM_{10} 模的谐振频率；采用缝隙加载技术降低了天线 TM_{30} 模的谐振频率；采用中心缝隙加载技术改善了天线的宽带匹配特性。最终，所设计的多模谐振天线具备低剖面、小型化、宽频带、稳定增益、高效率、低交叉极化等特性。

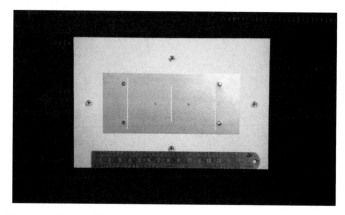

图 3.19　基于缝隙加载的低剖面双模宽带微带贴片天线加工实物图

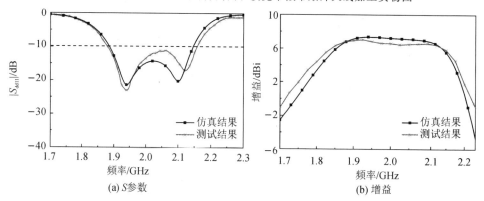

(a) S参数　　　　　　　　　　　　(b) 增益

图 3.20　基于缝隙加载的低剖面双模宽带微带贴片天线仿真与测试结果

3.2.4　基于馈电网络加载的低剖面多模宽带微带贴片天线设计方法

馈电网络加载技术也是提升天线工作带宽的有效方法之一。在此背景下，本节讨论基于馈电网络加载的低剖面多模宽带天线设计方法，该方法融合了微带贴片天线自身的辐射模式和馈电网络谐振的非辐射模式，进而提升低剖面天线的工作带宽[11]。

图 3.21(a)为基于 TM_{10} 模与 T 形馈电网络模的低剖面多模宽带微带贴片天线结构图，天线主要由辐射贴片、T 形侧馈结构、介质基板、短路销钉、地板等结构组成。天线具体参数如下：$L_p=18$ mm、$W_p=27$ mm、$L_r=11.25$ mm、$W_r=0.5$ mm、$d=1.75$ mm、$W=4.5$ mm、$r=0.5$ mm，介质基板的相对介电常数为 2.33、厚度为 1.57 mm。图 3.21(b)为基于 TM_{10} 模与 T 形馈电网络模的低剖面多模宽带微带贴片天线的等效电路，其中辐射贴片等效为 R_1、L_1、C_1，辐射贴片与 T 形侧馈结构间耦合等效为 π 型网络，相关参数为 C_g、C_{S1}、C_{S2}，T 形侧馈结构等效为两个 $\lambda/4$ 谐振器，相关参数为 C_2、L_2，短路销钉等效为 L_{pin}，馈电端的特征阻抗等效为 Z_0。

基于 TM_{10} 模与 T 形馈电网络模的低剖面多模宽带微带贴片天线工作原理如下：在四分之一波长 T 形传输线上加载短路销钉可以形成新的 LC 谐振模式，此模式可与微带贴片天线自身 TM_{10} 模耦合共振，进而有效展宽多模谐振微带贴片天线的工作带宽。值得说明的是，天线的辐射带宽比天线的谐振带宽要宽，导致天线在 LC 谐振模式附近的远场方向

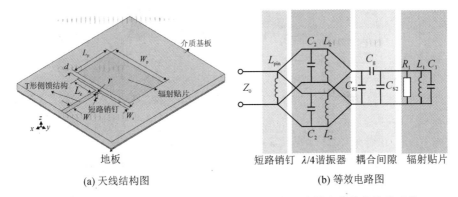

(a) 天线结构图　　　　　　　　　(b) 等效电路图

图 3.21　基于 TM_{10} 模与 T 形馈电网络模的低剖面多模宽带微带贴片天线

图依旧由天线自身 TM_{10} 模的辐射特性来维持。

　　为了进一步验证上述模式，图 3.22 给出了低剖面多模宽带微带贴片天线在 T 形馈电网络模与 TM_{10} 模谐振下的内场分布趋势。在图 3.22 中，天线的双模内场分布轮廓均与传统微带贴片天线 TM_{10} 模的内场分布轮廓保持一致。

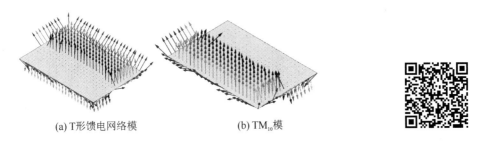

(a) T形馈电网络模　　　　　　　(b) TM_{10} 模

图 3.22　低剖面多模宽带微带贴片天线的 T 形馈电网络模与
　　　　　TM_{10} 模的内场分布趋势图

　　最后，对图 3.21（a）所示的天线结构进行了仿真与分析，该天线的仿真 S 参数与增益结果如图 3.23 所示。微带贴片天线在工作频段 $4.69\sim5.10$ GHz（8.4%）内出现了双模宽带谐振特性，且天线剖面仅为 $0.026\lambda_0$，如图 3.23（a）所示；同时，天线在 $4.69\sim5.10$ GHz 频带内的增益维持在 7.3 dBi 左右，从而具备良好稳定辐射增益特性，如图 3.23（b）所示。

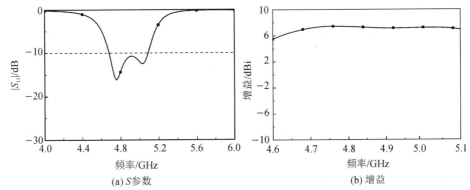

(a) S参数　　　　　　　　　　　(b) 增益

图 3.23　基于 TM_{10} 模与 T 形馈电网络模的低剖面多模宽带微带贴片天线的仿真结果

综上所述，采用 T 形枝节耦合侧馈技术激励出非辐射模式，并将其谐振频率与天线主模谐振频率靠近，从而形成宽带特性。最终，所设计的多模谐振天线具有低剖面、小型化、宽频带、稳定增益、高效率、带外谐波抑制等特点。

为了采用馈电网络加载技术进一步拓展天线的工作带宽，下面讨论一种基于五模复用的低剖面宽带微带贴片天线设计方法，该方法主要复用了天线的 TM_{10} 模、TM_{12} 模、TM_{30} 模、馈电网络 SRR1 模、馈电网络 SRR2 模[12]。天线结构如图 3.24 所示，天线主要由辐射贴片、短路销钉、介质基板 1、介质基板 2、地板、缝隙、馈电网络、馈电口等结构组成，其中馈电网络由两个开口谐振环（Split Ring Resonator，SRR）和平行耦合线组成，天线具体参数如下：$L_1=100$ mm、$L_2=98$ mm、$L_3=6.5$ mm、$L_4=12$ mm、$L_5=42.5$ mm、$L_6=11.75$ mm、$L_7=10.7$ mm、$S_1=44.5$ mm、$S_2=42.4$ mm、$S_3=0.2$ mm、$S_4=0.25$ mm、$g_1=2.5$ mm、$g_2=0.3$ mm、$H=4$ mm、$H_1=0.8$ mm、$H_2=1$ mm、$R_1=1$ mm、$d_1=2.2$ mm、$W_1=52$ mm、$W_2=5.5$ mm、$W_3=3.12$ mm、$W_4=0.5$ mm、$G_1=170$ mm、$G_2=70$ mm、$l=11$ mm、$l\_s=34$ mm、$w\_s=0.5$ mm，介质基板 1 的相对介电常数均为 2.2、厚度为 0.8 mm；介质基板 2 的相对介电常数为 2.2、厚度为 1 mm。

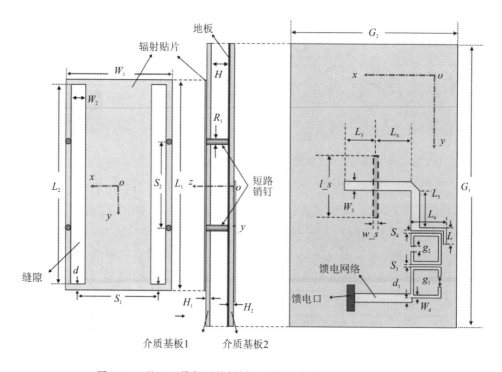

图 3.24 基于五模复用的低剖面宽带微带贴片天线结构示意图

图 3.25 为基于五模复用的低剖面宽带微带贴片天线输入电阻变化趋势。由图 3.25 可知：在加载短路销钉和缝隙时，微带贴片天线 TM_{10} 模、TM_{12} 模、TM_{30} 模的谐振频率相互靠近形成宽带特性，如图 3.25(a) 所示；在引入平行耦合线与开口谐振环后，天线在 TM_{10} 模、TM_{12} 模、TM_{30} 模附近产生了馈电网络 SRR1 模、馈电网络 SRR2 模，如图 3.25(b) 所示。在此条件下，天线通过融合 TM_{10} 模、TM_{12} 模、TM_{30} 模、SRR1 模、SRR2 模实现了低剖面与宽频带特性。

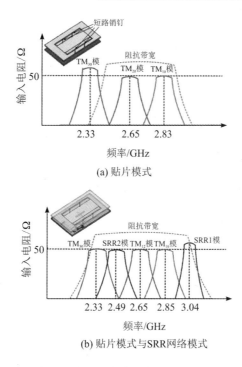

(a) 贴片模式

(b) 贴片模式与SRR网络模式

图 3.25　基于五模复用的低剖面宽带微带贴片天线的输入电阻变化趋势

图 3.26(a) 为微带贴片天线底部馈电网络结构图，天线主要由平行耦合线、谐振环 SRR1、谐振环 SRR2 构成，其中，g_1 代表谐振环 SSR1 缺口处的间距，g_2 代表谐振环 SSR2 缺口处的间距。图 3.26(b) 为所设计微带贴片天线底部馈电网络的等效电路图，其中 SRR1 等效为 L_1 与 C_1，SRR2 等效为 L_2 与 C_2，谐振环间隙与平行耦合线等效为 π 型网络，谐振环间隙等效为 C_g、C_{S1} 及 C_{S2}，平行耦合线等效为 C_{g1}、C_{S3} 及 C_{S4}。

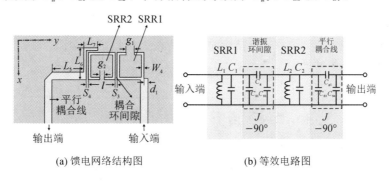

(a) 馈电网络结构图　　(b) 等效电路图

图 3.26　微带贴片天线底部馈电网络结构图与等效电路图

为了进一步验证上述模式，图 3.27 给出了基于五模复用的低剖面宽带微带贴片天线在不同频点处的内场分布。由图 3.27 可知，天线在多模谐振下的内场分布轮廓均与传统微带贴片天线 TM_{10} 模、TM_{12} 模、TM_{30} 模的内场轮廓保持近似。虽然馈电网络产生谐振模式（SRR1 模、SRR2 模），但是其辐射特性主要依赖天线自身的辐射模式（TM_{10} 模、TM_{12} 模、TM_{30} 模）。

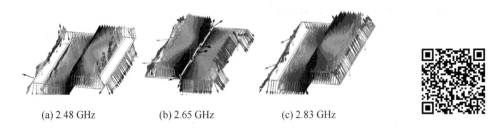

(a) 2.48 GHz (b) 2.65 GHz (c) 2.83 GHz

图 3.27　基于五模复用的低剖面宽带微带贴片天线在不同频点处的内场分布图

最后，对图 3.24 所示的天线结构进行了仿真与分析，该天线的仿真 S 参数与增益结果如图 3.28 所示。由图 3.28(a)可知，微带贴片天线在工作频段 2.29～2.96 GHz(26%)内出现了五模谐振特性，且天线剖面仅为 $0.042\lambda_0$。由图 3.28(b)可知，天线在 2.29～2.96 GHz 频带内的增益维持在 7.0 dBi 左右，效率维持在 90% 左右，从而具备稳定辐射与高效率特性。

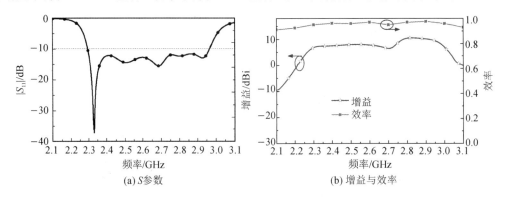

(a) S参数　　　　　　　　　　　(b) 增益与效率

图 3.28　基于五模复用的低剖面宽带微带贴片天线仿真结果

综上所述，采用缝隙耦合馈电技术抑制了天线偶次模的谐振特性；采用短路销钉和缝隙加载技术拉近天线 TM_{10} 模、TM_{12} 模、TM_{30} 模的谐振频率；采用开口谐振环技术激励出了 SRR1 模与 SRR2 模。最终，所设计的多模谐振天线具备低剖面、宽频带、稳定增益、高效率、低交叉极化等特性。

3.3　多模谐振天线的小型化方法

为满足无线通信系统的一体化集成需求，天线应具备小型化特性。在此背景下，本节讨论多模谐振天线的小型化方法，主要内容如下：(1) 基于短路壁技术的小型化多模宽带微带贴片天线设计方法；(2) 基于零次模技术的小型化多模宽带微带贴片天线设计方法。

3.3.1　基于短路壁技术的小型化多模宽带微带贴片天线设计方法

第 3.2 节中，微带贴片天线通过融合主模与高次模可以实现低剖面与宽频带特性。然而，该天线存在电尺寸急剧增加的缺陷。为解决此问题，本节讨论基于短路壁加载的小型化多模宽带微带贴片天线设计方法[13]，该方法融合了天线的 $TM_{0,1/2}$ 模和 $TM_{0,3/2}$ 模。

基于短路壁技术的小型化多模宽带微带贴片天线结构如图 3.29 所示，主要由辐射贴片、短路壁、V 形缝隙、短路销钉、馈电探针、介质基板、地板等结构组成，天线具体参数如下：$L=25$ mm、$L_1=27$ mm、$L_g=60$ mm、$W=30$ mm、$W_1=0.8$ mm、$W_g=35$ mm、$D=5.8$ mm、$D_1=15$ mm、$D_2=18.75$ mm、$S_1=19.5$ mm、$R=2.4$ mm、$\alpha=160°$，介质基板的相对介电常数为 2.2、厚度为 3.18 mm。详细设计步骤如下：

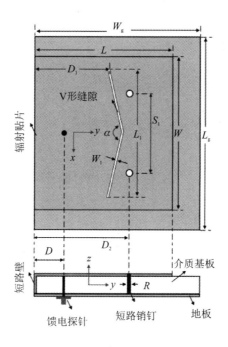

图 3.29 基于短路壁加载的小型化多模宽带微带贴片天线结构示意图

第一步，由腔模理论可知，传统微带贴片天线在 TM_{mn} 模下的谐振频率 f_{mn} 和波数 k_{mn} 可表示为

$$f_{mn}=\frac{k_{mn}c}{2\pi\sqrt{\varepsilon_r}} \tag{3-10}$$

$$k_{mn}^2=\left(\frac{m\pi}{W_e}\right)^2+\left(\frac{n\pi}{2L_e}\right)^2 \tag{3-11}$$

式中，W_e 为传统辐射贴片考虑边缘效应后的宽度，$2L_e$ 为传统辐射贴片考虑边缘效应后的长度，ε_r 为介质基板的相对介电常数，c 是光速，m 和 n 等于 0，1，2，…。

第二步，为减小天线尺寸，需选取传统矩形辐射贴片的一半结构，并在边缘引入金属短路壁。此时，可称该天线为短路壁微带贴片天线，其在 TM_{mn} 模下的波数 k_{mn} 可表示为

$$k_{mn}^2=\left(\frac{m\pi}{W_e}\right)^2+\left(\frac{n\pi}{L_e}\right)^2 \tag{3-12}$$

式中，W_e 是短路壁辐射贴片考虑边缘效应后的宽度，L_e 是短路壁辐射贴片考虑边缘效应后的长度。

由于天线无效模式 $\mathrm{TM}_{2,1/2}$ 模谐振在有效模式 $\mathrm{TM}_{0,1/2}$ 模与 $\mathrm{TM}_{0,3/2}$ 模之间，因此需要对短路壁微带贴片天线的宽度 W_e 与长度 L_e 进行调控，从而将 $\mathrm{TM}_{2,1/2}$ 模的谐振频率移

出到工作频带外。据此，W_e 与 L_e 应满足

$$\left(\frac{2\pi}{W_e}\right)^2 + \left(\frac{\pi}{2L_e}\right)^2 > \left(\frac{3\pi}{2L_e}\right)^2 \tag{3-13}$$

在满足式(3-13)后，短路壁微带贴片天线的输入电阻曲线如图 3.30 所示。在图 3.30 中，天线在 $1 \sim 6$ GHz 频带范围内仅有 $TM_{0,1/2}$ 模谐振在 1.86 GHz、$TM_{0,3/2}$ 模谐振在 5.62 GHz，同时两模式的谐振频率比较大。

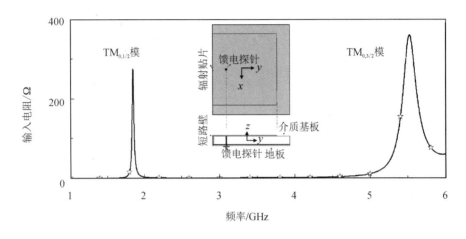

图 3.30　短路壁微带贴片天线的输入电阻曲线

第三步，为降低 $TM_{0,1/2}$ 模与 $TM_{0,3/2}$ 模间的频率比，依旧采用短路销钉与 V 形缝隙加载技术，如图 3.31 和图 3.32 所示。当将短路销钉加载在天线 $TM_{0,1/2}$ 模的内场较大处，且位于天线 $TM_{0,3/2}$ 模的内场最小处时，天线 $TM_{0,1/2}$ 模的谐振频率被有效提升，而天线 $TM_{0,3/2}$ 模的谐振频变化微弱，如图 3.31 所示。在此基础上，将 V 形缝隙加载在 $TM_{0,1/2}$ 模内场较大处，且将 V 形缝隙加载在 $TM_{0,3/2}$ 模的内场最小处，天线 $TM_{0,3/2}$ 模的谐振频率被有效降低，而天线 $TM_{0,1/2}$ 模的谐振频变化微弱，如图 3.32 所示。值得说明的是，V 形缝隙还可以抵消短路销钉引入的电感效应，从而实现低剖面多模微带贴片天线的宽带化匹配特性。

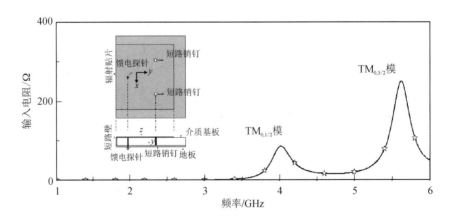

图 3.31　基于短路销钉加载的短路壁微带贴片天线的输入电阻曲线

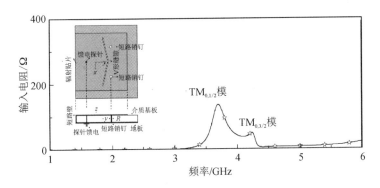

图 3.32　基于短路销钉和 V 形缝隙加载的短路壁微带贴片天线的输入电阻曲线

　　为了进一步验证上述模式，图 3.33 画出了基于短路壁技术的小型化多模宽带微带贴片天线的内场分布图。由图 3.33 可知，天线在多模谐振下的内场分布轮廓均与传统短路壁微带贴片天线 $TM_{0,1/2}$ 模与 $TM_{0,3/2}$ 模的内场分布规律保持一致，从而验证了上述分析过程的正确性与可行性。

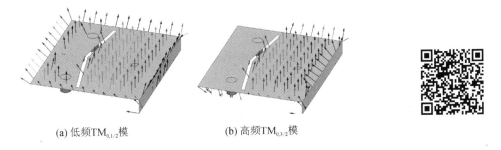

(a) 低频 $TM_{0,1/2}$ 模　　　　　　　(b) 高频 $TM_{0,3/2}$ 模

图 3.33　基于短路壁技术的小型化多模宽带微带贴片天线的内场分布图

　　第四步，依据图 3.29 所示的天线结构进行加工制作，相关实物如图 3.34 所示。该天线的仿真与测试结果如图 3.35 所示。由图 3.35(a)可知，微带贴片天线在工作频段 3.85～4.33 GHz(11.7%)内出现了双模宽带谐振特性，且天线剖面仅为 $0.042\lambda_0$。由图 3.35(b)可知，天线在 3.85～4.33 GHz 频带内的增益保持在 3.0 dBi 左右，从而具备稳定辐射增益特性。相较于第 3.2 节中多模谐振天线，该天线通过短路壁加载技术缩减了尺寸。

图 3.34　基于短路壁技术的小型化多模宽带微带贴片天线的加工实物图

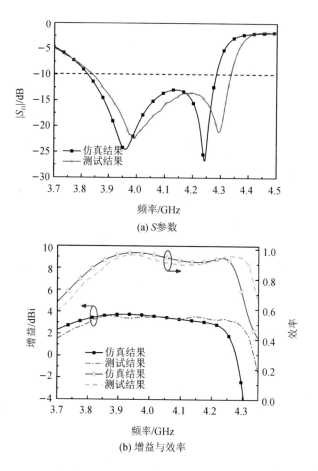

(a) S参数

(b) 增益与效率

图 3.35　基于短路壁技术的小型化多模宽带微带贴片天线仿真与测试结果

综上所述，采用短路壁加载技术缩减了辐射贴片的电尺寸；采用短路销钉加载技术提升了天线 $TM_{0,1/2}$ 模的谐振频率；采用 V 型缝隙加载技术降低了 $TM_{0,3/2}$ 模的谐振频率，改善了天线在双模谐振下的阻抗匹配特性。最终，所设计的多模谐振天线具备低剖面、小型化、宽频带、稳定增益、宽波束、高效率等特性。

3.3.2　基于零次模技术的小型化多模宽带微带贴片天线设计方法

除短路壁技术外，零次模谐振也是实现多模谐振天线小型化的有效方法之一。在此背景下，本节讨论基于零次模技术的小型化多模宽带微带贴片天线设计方法[14]，该方法融合了天线的零次模与馈线网络模。

基于零次模技术的小型化多模宽带微带贴片天线结构如图 3.36 所示，天线主要由辐射贴片、L 形馈电线、馈电探针、短路销钉、介质基板、地板等结构组成，天线具体参数如下：$W_S = 1.5$ mm、$W_p = 16.8$ mm、$L_S = 110$ mm、$L_{S1} = 13$ mm、$L_{S2} = 21.2$ mm、$L_{pin} = 12.2$ mm、$L_p = 20.9$ mm、$L_a = 3.14$ mm、$L_b = 7.85$ mm、$G_1 = 1$ mm、$G_2 = 1.8$ mm、$d_{p1} = 2$ mm、$d_{p2} = 1$ mm、$d_f = 1.27$ mm、$h = 3.18$ mm，介质基板的相对介电常数 2.2、厚度为 3.18 mm。

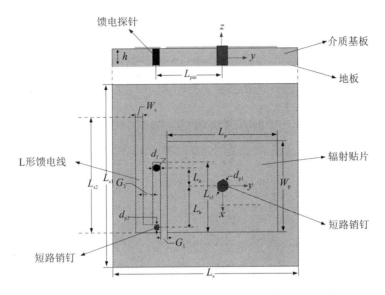

图 3.36　基于零次模技术的小型化多模宽带微带贴片天线结构

所设计天线的小型化方法是采用短路销钉加载技术，该技术可激励出比主模（TM_{10} 模/TM_{01} 模）谐振频率更低的 ZOR 模式（零次模/TM_{00} 模）。所设计天线的宽带化设计方法是采用 L 形馈电网络模与 ZOR 模融合技术。图 3.37 为基于零次模技术的小型化多模宽带微带贴片天线等效电路，其中 R、L、C 由辐射贴片产生，L_1、C_1 由 L 形馈电网络产生，C_g、C_{S1}、C_{S2} 由辐射贴片与 L 形馈电线之间的间隙产生，Z_{in} 为天线输入阻抗，当馈电网络引入的 L_1 与 C_1 谐振在天线 ZOR 模附近时，即可实现天线的双模宽带特性。

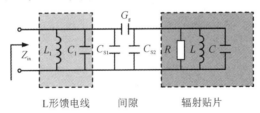

图 3.37　基于零次模技术的小型化多模宽带微带贴片天线等效电路

为了进一步验证上述模式，图 3.38 画出了基于零次模技术的小型化多模宽带微带贴片天线的内场分布。在图 3.38 中，辐射贴片内场方向的一致性说明了上述分析过程中零次模激励的有效性。

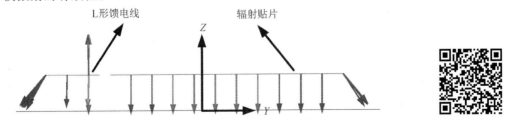

图 3.38　基于零次模技术的小型化多模宽带微带贴片天线内场分布图

最后，依据图 3.36 所示的天线结构进行加工制作，相关实物如图 3.39 所示。该天线的仿真与测试结果如图 3.40 所示。由图 3.40(a)可知，所设计天线在工作频段 2.39～2.49 GHz (4.1%)内出现了双模宽带谐振特性，约为传统微带贴片天线(1%)的四倍，且天线横向尺寸仅为 $0.17\lambda_0 \times 0.22\lambda_0$、剖面仅为 $0.026\lambda_0$。由图 3.40(b)可知，天线在 2.39～2.49 GHz 频带内最大增益保持在 4.0 dBi 左右。相较于第 3.2 节中多模谐振天线，该天线通过零次模技术缩减了尺寸。

图 3.39 基于零次模技术的小型化多模宽带微带贴片天线加工实物图

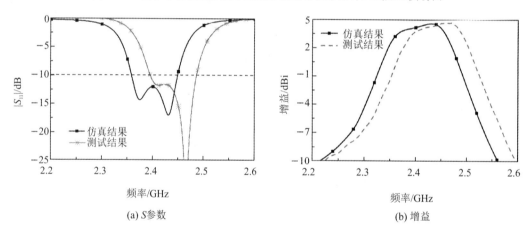

(a) S 参数 　　　　　　　　　　　　　(b) 增益

图 3.40 基于零次模技术的小型化多模宽带微带贴片天线仿真测试结果

综上所述，采用中心销钉加载技术激励出具备小型化特性的零次模；采用 L 形馈电技术实现了双模宽带谐振特性。最终，所设计的多模谐振天线具备低剖面、小型化、宽频带、稳定增益、水平全向辐射等特性。

3.4 多模谐振天线的多频化方法

微带贴片天线的众多高次模在频率响应函数上呈现离散化分布特性，且不同模式间谐振频率呈现特定倍数关系。若合理利用单一微带贴片天线的多模频谱资源，则能满足通信系统的多频段、共口径、小型化、轻量化等性能需求。在此背景下，本节以双频谐振天线、三频谐振天线作为案例，阐述多模谐振天线的多频化方法。

3.4.1 基于短路销钉加载的低剖面双频微带贴片天线设计方法

本节将讨论基于短路销钉加载的低剖面双频微带贴片天线设计方法[15]，该方法融合了天线的 TM_{00} 模与 TM_{10} 模。

基于短路销钉加载的低剖面双频微带贴片天线结构如图 3.41 所示，天线由辐射贴片、短路销钉、介质基板、地板等结构组成，其设计参数为：$L=13$ mm、$h=4$ mm、$g_f=0.2$ mm、$S=3.6$ mm、$L_s=26.6$ mm、$P=5$ mm、$W=19.5$ mm、$W_f=4.6$ mm、$W_s=0.2$ mm、$G=140$ mm、$N=4$、$D=1$ mm，介质基板的相对介电常数为2.2，厚度为4 mm。在该天线中，当短路销钉加载在辐射贴片中心处时，天线自身的 TM_{00} 模和 TM_{10} 模被有效激励，其中低频 TM_{00} 模产生水平全向覆盖的锥形辐射方向图，高频 TM_{10} 模产生法向覆盖的辐射方向图。当短路销钉个数 N 改变时，天线可以实现低频 TM_{00} 模的谐振频率 f_L 在大范围内灵活调控，且天线高频 TM_{10} 模的谐振频率 f_H 保持基本不变。详细设计步骤如下：

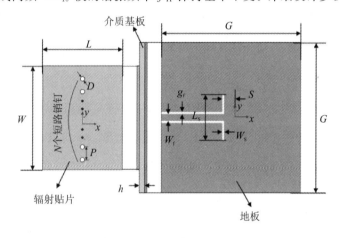

图 3.41 基于短路销钉加载的低剖面双频微带贴片天线结构图

第一步，结合传输线理论，微带贴片天线在 TM_{00} 模下的等效电路可构建为如图 3.42(a)所示的电路，微带贴片天线在 TM_{10} 模下的等效电路可构建为如图 3.42(b)所示的电路，其中 Y_{in} 为微带贴片天线的输入导纳，Y_c 代表辐射贴片的特征导纳，β 代表传播常数，L 代表辐射贴片沿 x 轴方向的物理长度，$Y_s=G_s+jB_s$ 代表自导纳，$Y_m=G_m+jB_m$ 代表互导纳。考虑短路销钉的影响，图 3.42(b)中还引入了电感 $2L_p$。

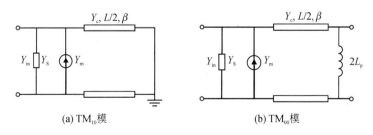

图 3.42 微带贴片天线在 TM_{00} 模和 TM_{10} 模下的等效电路

由图 3.42(a)可知，天线在 TM_{10} 模下的输入导纳 Y_{in} 可简化为

$$Y_{in} = Y_S + Y_m - jY_c \cot\left(\frac{\beta L}{2}\right) \tag{3-14}$$

当天线处于谐振状态时,可得

$$\text{Im}(Y_{in}) = B_S + B_m - Y_c \cot\left(\frac{\beta L}{2}\right) = 0 \tag{3-15}$$

由式(3-15)可知,天线高频谐振频率 f_H 主要取决于贴片尺寸和介质基板参数,而与短路销钉电感 L_p 关系较小。

由图 3.42(b)可知,天线在 TM_{00} 模下的输入导纳 Y_{in} 可简化为

$$Y_{in} = Y_S + Y_m + Y_c \frac{Y_p + jY_c \tan(\beta L/2)}{Y_c + jY_p \tan(\beta L/2)} \tag{3-16}$$

当天线处于谐振状态时,可得

$$\text{Im}(Y_{in}) = B_S + B_m + \frac{Y_c B_p + Y_c^2 \tan(\beta L/2)}{Y_c - B_p \tan(\beta L/2)} = 0 \tag{3-17}$$

式中,$\tan(\beta L/2)$ 为

$$\tan\left(\frac{\beta L}{2}\right) = \frac{Y_c(B_S + B_m + B_p)}{B_p(B_S + B_m) - Y_c^2} \tag{3-18}$$

结合式(3-17)与式(3-18),可知

$$G_p + jB_p = -j\frac{1}{\omega 2L_p} \tag{3-19}$$

第二步,由式(3-19)可知,天线 TM_{00} 模的谐振频率(f_L)不但由贴片尺寸和介质基板参数决定,而且由短路销钉电感 L_p 决定,且对天线 TM_{00} 模的谐振频率影响因素差异最大。因此,通过调节短路销钉电感 L_p 值,可以使双频天线在较大范围内自由分配低频 f_L,并保持高频 f_H 的基本稳定。在此条件下,所设计的低剖面双频微带贴片天线的低频 f_L 可以在 1.725~4.20 GHz 的宽带范围内自由移动,天线高频 f_H 保持在 5.8 GHz 附近,从而使双频频率比在 1.38~3.36 内自由调控。

为了进一步验证上述模式,图 3.43 画出了基于短路销钉加载的低剖面双频微带贴片天线在不同频点的内场分布图。由图 3.43 可知,该天线在低频段,谐振在 TM_{00} 模;天线在高频段,谐振在 TM_{10} 模。

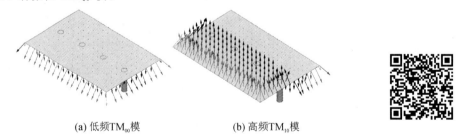

(a) 低频 TM_{00} 模　　　　　　　(b) 高频 TM_{10} 模

图 3.43　基于短路销钉加载的低剖面双频微带贴片天线在不同频点的内场分布图

第三步,基于图 3.41 所示的天线结构对其进行仿真分析,图 3.44 为基于短路销钉加载的小频率比低剖面双频微带贴片天线的仿真结果。其中,图 3.44(a)表明微带贴片天线工作在 3.92~4.20 GHz 频段与 5.52~6.00 GHz 频段,低频对应天线 TM_{00} 模,高频对应天线 TM_{10} 模,从而具备双频小频率比特性;图 3.44(b)表明天线的低频段增益保持在

6.5 dBi 左右，高频增益保持在 7.5 dBi 左右，具备稳定辐射特性。

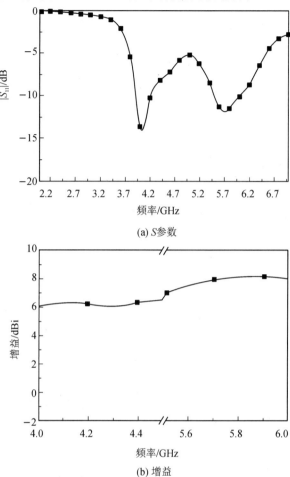

(a) S参数

(b) 增益

图 3.44　基于短路销钉加载的小频率比低剖面双频微带贴片天线的仿真结果

　　综上所述，采用短路销钉加载技术激励出零次模，并通过改变短路销钉个数调控天线零次模与主模的谐振频率比。最终，所设计的多模谐振天线具有低剖面、小型化、双频带、灵活频率比、多样化方向图等特点。

3.4.2　基于销钉与缝隙加载的低剖面三频微带贴片天线设计方法

　　为了拓展频段覆盖范围，本节讨论基于销钉与缝隙加载的低剖面三频微带贴片天线设计方法[16]，该方法融合了天线的 TM_{10} 模、TM_{30} 模及 TM_{12} 模。

　　基于多模技术的低剖面三频微带贴片天线结构如图 3.45 所示，天线由辐射贴片、中心缝隙、两侧缝隙、短路销钉、介质基板、地板、差分馈电等结构组成，天线具体设计参数为：$L = 37.5$ mm、$L_1 = 35.5$ mm、$L_2 = 19.5$ mm、$W_1 = 1.2$ mm、$W_2 = 1.2$ mm、$W_g = 120$ mm、$S_1 = 9$ mm、$S_2 = 7.5$ mm、$S_3 = 17.1$ mm、$D = 6$ mm、$H = 3.18$ mm、$R_1 = 0.7$ mm，介质基板的相对介电常数为 2.2、厚度为 3.18 mm，其中差分馈电可抑制无效模式，缝隙加载可调控天线 TM_{12} 模和 TM_{30} 模的阻抗特性与辐射特性，短路销钉加载可改善微带贴片天线在三频段范围内的阻抗匹配特性。

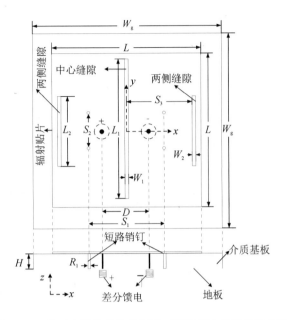

图 3.45 基于多模技术的低剖面三频微带贴片天线结构图

图 3.46 展示了基于多模技术的低剖面三频微带贴片天线输入电阻变化趋势，其演变过程如下：

第一步，当微带贴片天线无加载时，传统微带贴片天线的 TM_{10} 模、TM_{12} 模及 TM_{30} 模分别谐振在 2.47 GHz、5.6 GHz、7.18 GHz，如图 3.46(a)所示。

第二步，在辐射贴片上加载中心缝隙时，缝隙长度切割了 TM_{10} 和 TM_{30} 模的表面电流，导致所对应的模式谐振频率往低频移动，然而缝隙长度对 TM_{12} 模的表面电流切割较小，导致所对应的模式谐振频率移动较小，如图 3.46(b)所示。

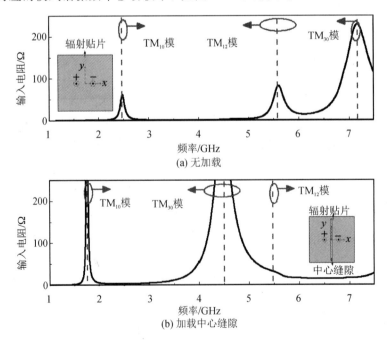

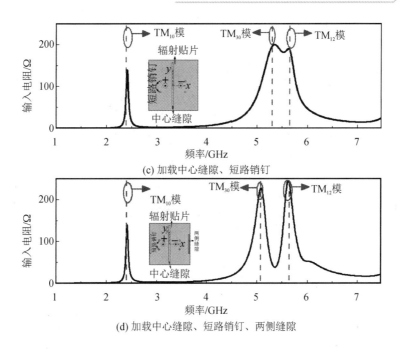

图 3.46 基于多模技术的低剖面三频微带贴片天线输入电阻变化趋势

第三步，在馈电附近加载短路销钉时，天线高次模频率分离，并使天线端口处匹配特性得到显著改善，如图 3.46(c) 所示。

第四步，在辐射贴片边缘加载缝隙时，天线 TM_{30} 模的谐振频率降低，而天线 TM_{10} 模与 TM_{12} 模的谐振频率变化较小，如图 3.46(d) 所示。最终，在上述诸多加载条件下，所设计天线能同时覆盖 2.4 GHz、5.2 GHz、5.8 GHz。

为了进一步验证上述模式，图 3.47 画出了基于多模技术的低剖面三频微带贴片天线内场分布图。由图 3.47 可知，虽然天线内场的幅度分布发生了显著改变，但是其轮廓仍然与传统微带贴片天线 TM_{10} 模、TM_{12} 模、TM_{30} 模的内场分布规律一致。在此准则下，依旧判定微带贴片天线工作在 TM_{10} 模、TM_{12} 模及 TM_{30} 模。

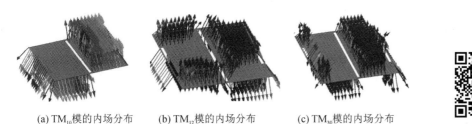

(a) TM_{10} 模的内场分布　　(b) TM_{12} 模的内场分布　　(c) TM_{30} 模的内场分布

图 3.47 基于多模技术的低剖面三频微带贴片天线内场分布图

第五步，依据图 3.45 所示的天线结构进行加工制作，相关实物如图 3.48 所示。该天线的仿真与测试结果如图 3.49 所示。由图 3.49(a) 可知，单一微带贴片天线在工作频段 2.42～2.459 GHz、5.168～5.276 GHz、5.726～5.906 GHz 内出现了三模谐振特性，从而实现了多频共口径特性，同时天线剖面仅为 $0.026\lambda_L$、横向电尺寸仅为 $0.31\lambda_L \times 0.31\lambda_L$。由图 3.49(b) 可知，天线在工作频段 2.42～2.459 GHz、5.168～5.276 GHz、5.726～5.906 GHz 内的增益差值仅在 0.5 dBi 范围内，具备稳定辐射增益特性。

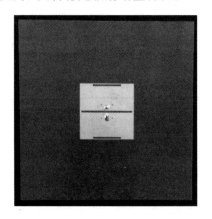

图 3.48　基于多模技术的低剖面三频微带贴片天线加工实物图

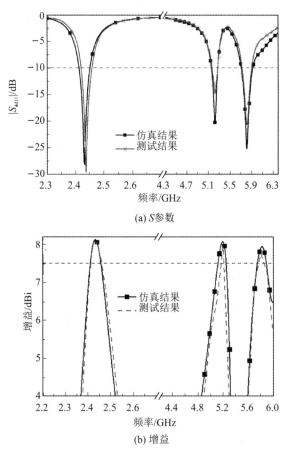

(a) S 参数

(b) 增益

图 3.49　基于多模技术的低剖面三频微带贴片天线仿真与测试结果

　　综上所述，采用中心缝隙加载技术降低了天线 TM_{10} 模与 TM_{30} 模谐振频率；采用边缘缝隙加载技术降低了天线 TM_{30} 模的谐振频率；采用短路销钉加载技术改善了天线匹配特性。最终，所设计的多模谐振天线具有低剖面、小型化、三频共口径、平坦增益、高效率等特点。

3.5 本 章 小 结

本章主要介绍多模谐振天线的阻抗特性调控，主要包括以下内容：（1）多模谐振天线的宽带化设计方法，包括开路枝节加载、短路销钉加载、缝隙加载和馈电网络加载等。（2）多模谐振天线的小型化设计方法，包括短路壁加载和零次模。（3）多模谐振天线的多频化设计方法，包括短路销钉加载和缝隙加载。上述方法可为高性能天线的设计提供方法指导和技术支撑。

参 考 文 献

[1] LIN W. Microwave filters employing a single cavity excited in more than one mode [J]. Journal of Applied Physics, 1951, 22(8): 989 - 1001.

[2] WOLFF I. Microstrip bandpass filter using degenerate modes of a microstrip ring resonator[J]. Electron. Lett. , 1972, 8(12): 302 - 303.

[3] ZHU L, SUN S, MENZEL W. Ultra-wideband (UWB) bandpass filters using multiple-mode resonator [J]. IEEE Microw. Wireless Compon. Lett. , 2005, 15(11): 796 - 798.

[4] XIAO S Q, WANG B Z, SHAO W, et al. Bandwidth-enhancing ultralow-profile compact patch antenna[J]. IEEE Trans. Antennas Propag. , 2005, 53(11): 3443 - 3447.

[5] LUO G Q, HU Z F, LI W J, et al. Bandwidth-enhanced low-profile cavity-backed slot antenna by using hybrid SIW Cavity Modes [J]. IEEE Trans. Antennas Propag. , 2012, 60(4): 1698 - 1704.

[6] LIU J H, XUE Q, WONG H, et al. Design and analysis of a low-profile and broadband microstrip monopolar patch antenna[J]. IEEE Trans. Antennas Propag. , 2013, 61(1): 11 - 18.

[7] LV W J, ZHU L. Wideband stub-loaded slotline antennas under multi-mode resonance operation[J]. IEEE Trans. Antennas Propag. , 2015, 63(2): 818 - 823.

[8] LIU N W, ZHU L, CHOI W W, et al. A novel differential-fed patch antenna on stepped-impedance resonator with enhanced bandwidth under dual-resonance[J]. IEEE Trans. Antennas Propag. , 2016, 64(11): 4618 - 4625.

[9] LIU N W, ZHU L, CHOI W W, et al. A low-profile aperture-coupled microstrip antenna with enhanced bandwidth under dual-resonance[J]. IEEE Trans. Antennas Propag. , 2017, 65(3): 1055 - 1062.

[10] LIU N W, ZHU L, CHOI W W. A differential-fed microstrip patch antenna with bandwidth enhancement under operation of TM_{10} and TM_{30} modes[J]. IEEE Trans.

Antennas Propag. ，2017，65(4)：1607 − 1614.

[11] ZHANG J D，ZHU L，WU Q S，et al. A compact microstrip-fed patch antenna with enhanced bandwidth and harmonic suppression［J］. IEEE Trans. Antennas Propag. ，2016，64(12)：5030 − 5037.

[12] 陈鑫鹏. 基于多模谐振的宽带小型化天线的设计与研究[D]. 西安：西安电子科技大学，2020.

[13] LIU N W，ZHU L，CHOI W W，et al. Wideband shorted patch antenna under radiationof dual resonant modes[J]. IEEE Trans. Antennas Propag. ，2017，65(6)：2789 − 2796.

[14] LIU N W，SUN M J，ZHU L，et al. A compact monopolar patch antenna with bandwidth-enhancement under dual-mode resonance［J］. Int. J. RF Microw. Comput. Aided Eng. ，2020，30(3)：e22088.

[15] LIU Z X，ZHU L，LIU N W. Design approach for compact dual-band dual-mode patch antenna with flexible frequency ratio[J]. IEEE Trans. Antennas Propag. ，2020，68(8)：6401 − 6406.

[16] LIU N W，CHEN X P，ZHU L，et al. Low-profile triple-band microstrip antenna via sharing a single multi-mode patch resonator[J]. IET Microwaves, Antennas & Propagation，2019，13(10)：1580 − 1585.

第四章 多模谐振天线的辐射特性调控方法

4.1 引 言

众所周知，多模谐振微带贴片天线的高次模辐射场存在复杂多样性，导致天线面临副瓣电平高、交叉极化大、波束指向紊乱等问题，制约了天线在现代通信系统中的应用与发展。在此背景下，如何调控微带贴片天线的多模辐射特性并实现宽波束、高增益、低交叉极化等特性是热门研究课题之一。

根据国内外研究现状，天线的几种常见方向图调控方法如下：（1）垂直电流加载技术，即在主辐射贴片四周引入外部器件来产生寄生场，从而使寄生场与主模辐射场叠加实现宽波束、高增益特性。（2）阵列天线技术，即赋予多个天线单元特定的幅度与相位分布特性，从而实现波束扫描特性。（3）介质加载技术，即在微带贴片天线上方悬置电大尺寸介质来实现高增益特性。（4）电小天线技术，即通过减小微带贴片天线的电尺寸来实现宽波束特性。上述诸多方法虽然实现了天线的高增益、宽波束、多波束扫描、低交叉极化等性能，但是其设计思想借助了多辐射单元，且大多数工作聚焦于天线主模的辐射场，对天线高次模的辐射场探索与复用较少。

由第三章内容可知，"单腔多模谐振思想"也是高性能微带贴片天线的重要解决思路之一。然而，大部分研究者聚焦于多模谐振天线的阻抗特性调控，而对多模谐振天线的辐射特性调控理论与方法研究报道较少。从 2016 年起，本书三位作者与其他学者开展了一系列关于多模谐振微带贴片天线的辐射特性调控方法研究。本章主要介绍基于多模辐射调控的微带贴片天线宽波束、高增益、波束重塑、交叉极化抑制、圆极化等性能的设计方法。

4.2 多模谐振天线的波束展宽方法

为满足无线通信系统的宽角信号覆盖需求，多模谐振天线应具备宽波束辐射特性。在此背景下，本节讨论多模谐振微带贴片天线在波束展宽方面的研究进展，主要包括：（1）多模谐振线极化天线的半功率波束展宽。（2）多模谐振圆极化天线的轴比波束展宽。

4.2.1 多模谐振线极化天线的半功率波束展宽方法

第 2.5.2 节中，传统微带贴片天线在 TM_{10} 模/TM_{01} 模谐振下的半功率波束宽度仅为 $60°\sim90°$，且天线高次模存在波束窄、副瓣电平高等问题。为实现天线的宽波束特性，本节提出了基于短路销钉加载的宽波束微带贴片天线设计方法[1]，该方法围绕天线的 TM_{10} 模展开讨论。

图 4.1 为多模谐振宽波束天线的结构示意图，天线主要由辐射贴片、短路销钉、介质基板、馈电探针、地板等结构组成，天线具体参数如下：$L_1 = 20 \text{ mm}$、$L_2 = 17.1 \text{ mm}$、$L_\mathrm{S} = 6.2 \text{ mm}$、$L_\mathrm{g} = 125 \text{ mm}$、$W = 85 \text{ mm}$、$W_\mathrm{g} = 200 \text{ mm}$、$D_1 = 0.9 \text{ mm}$、$D_2 = 7.6 \text{ mm}$、$D_3 = 1.3 \text{ mm}$、$D_4 = 10.2 \text{ mm}$、$R = 1.0 \text{ mm}$，介质基板的相对介电常数为 2.2、厚度为 3.0 mm。该天线除具备宽波束特性外，还具备低剖面、宽频带、低交叉极化等特性。详细设计步骤如下：

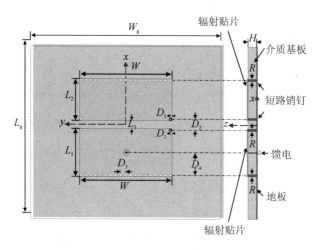

图 4.1 多模谐振宽波束天线的结构示意图

第一步，由腔模理论可知，传统微带贴片天线在 TM_{10} 模下的辐射场可以等效为一对等效磁流 $\boldsymbol{M}_{\mathrm{S1}}$，其幅度与相位相等，如图 4.2 所示。

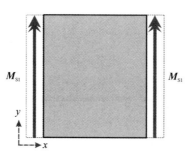

图 4.2 传统微带贴片天线在 TM_{10} 模下的一对等效磁流示意图

当天线厚度 H 远远小于工作波长 λ_0 时，单一等效磁流 $\boldsymbol{M}_{\mathrm{S1}}$ 在 E 面产生的远场 $|E_\theta|$ 与 $|E_\varphi|$ 分量可表示为

$$\begin{cases} E_\theta = 1 \\ E_\varphi = 0 \end{cases} \qquad (4-1)$$

同理，当天线厚度 H 远远小于工作波长 λ_0 时，单一等效磁流 $\boldsymbol{M}_{\mathrm{S1}}$ 在 H 面产生的远场 $|E_\theta|$ 与 $|E_\varphi|$ 分量可表示为

$$
\begin{cases}
E_{\theta}=0 \\
E_{\varphi}=\mathrm{j}\ \dfrac{k_0 HWE_0\mathrm{e}^{-\mathrm{j}k_0 r}}{\pi r}\left\{\cos(\theta)\ \dfrac{\sin(0.5k_0 W\sin\theta)}{0.5k_0 W\sin\theta}\right\}
\end{cases}
\tag{4-2}
$$

式中，W 为辐射贴片宽度，r 为远场点位置，k_0 为自由空间波数。

考虑图 4.2 中传统天线的辐射场由一对二元等效磁流（沿 x 轴平行放置）组成，二元等效磁流间的阵因子表达式如下

$$
f_{AF}(\theta,\varphi)=2\cos(0.5k_0 L_S\sin\theta\cos\varphi)
\tag{4-3}
$$

式中，L_S 表示二元等效磁流的间距。

结合式（4-1）～式（4-3），天线在 E 面的归一化电场分量 $|E_{\theta}|$ 与 $|E_{\varphi}|$ 可求解为

$$
E_{\theta}=\cos(0.5k_0 L_S\sin\theta)
\tag{4-4}
$$

$$
E_{\varphi}=0
\tag{4-5}
$$

第二步，由式（4-4）和式（4-5）可知，天线 TM_{10} 模的 E 面方向图半功率波束宽度（Half-Power Beam Width, HPBW）由关键因子 L_S/λ_0 决定。因此，图 4.3 给出了传统微带贴片天线在不同等效磁流间距下的归一化 E 面方向图，由图 4.3 可知：当 $L_S/\lambda_0=0.6$ 时，天线 E 面方向图的半功率波束宽度仅为 $50°$，如图 4.3(a)所示；随着 L_S/λ_0 值的下降，天线 E 面方向图的半功率波束宽度逐渐增加，如图 4.3(b)所示；当 L_S/λ_0 降低到 0.2 及以下时，天线 E 面方向图的半功率波束宽度可以拓展至 $180°$ 左右，如图 4.3(c)与图 4.3(d)所示。

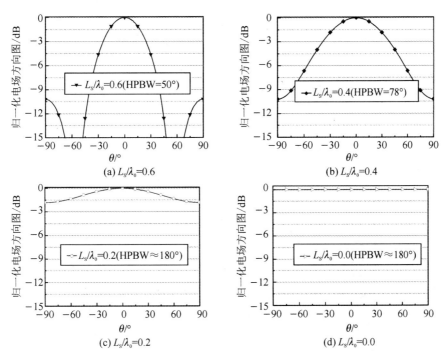

图 4.3　传统微带贴片天线在不同等效磁流间距下的归一化 E 面方向图

基于上述分析过程，天线 E 面方向图半功率波束宽度提升的有效方法之一是采用基于单一等效磁流 $\boldsymbol{M}_{S2}$ 的改进微带贴片天线，如图 4.4 所示。

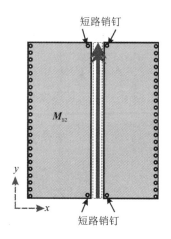

短路销钉

M_{S2}

y

x

短路销钉

图 4.4　基于单一等效磁流的改进微带贴片天线示意图

第三步，针对宽频带设计目标，可将图 4.2 中的单一辐射贴片分解为图 4.4 中的一对分离辐射贴片，从而依靠寄生效应实现双模宽带特性，这一技术在寄生加载方法中常见。针对低交叉极化设计目标，将四个短路销钉加载在辐射贴片的角落上可以削弱辐射贴片沿 x 轴方向上的等效磁流，从而降低天线的 H 面交叉极化电平，这与第 2.5.6 节中介绍的方法相吻合。

第四步，依据图 4.1 所示的天线结构进行加工制作，相关实物如图 4.5 所示。该天线的仿真测试 S 参数、增益、HPBW 如图 4.6 所示。由图 4.6(a) 可知，所设计微带贴片天线在工作频段 2.70～3.03 GHz 内出现了双模谐振特性，从而具备相对带宽 12% 的宽带特性，且天线剖面仅为 $0.029\lambda_0$。由图 4.6(b) 可知，所设计天线在工作频段 2.70～3.03 GHz 内的增益保持在 6.5 dBi 左右、半功率波束宽度保持在 140° 左右，从而具备稳定的辐射增益特性。图 4.7 为多模谐振宽波束天线的归一化 E 面方向图，其结果进一步验证了所设计天线的宽波束辐射特性。

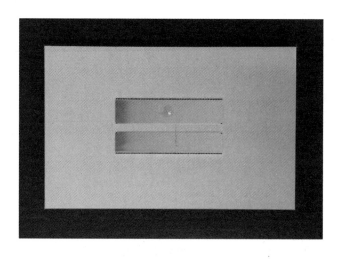

图 4.5　多模谐振宽波束天线的加工实物图

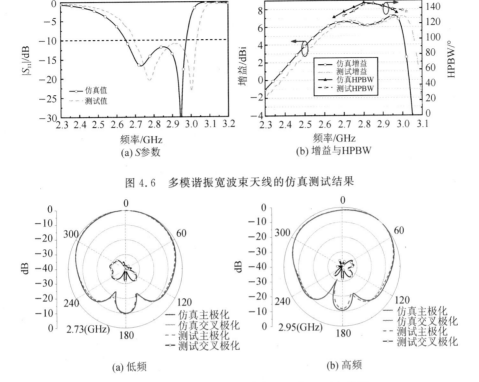

图 4.6　多模谐振宽波束天线的仿真测试结果

图 4.7　多模谐振宽波束天线的归一化 E 面方向图

综上所述，采用单一等效磁流方法实现了天线所需的 E 面宽波束特性；采用寄生加载技术实现了天线所需的宽频带特性；采用短路销钉加载技术实现了天线所需的 E 面和 H 面低交叉极化特性。最终，所设计的多模谐振天线具有低剖面、宽频带、稳定增益、高效率、宽波束、低交叉极化等特点。

4.2.2　多模谐振圆极化天线的轴比波束展宽方法

在卫星导航定位系统中，微带贴片天线应具备宽圆极化轴比波束特性。然而传统微带贴片天线在大地板环境（无线通信环境中的一种情况）下的 3dB 轴比波束宽度仅为 $80°$ 左右，需要阐明的是：小地板环境下传统圆极化微带贴片天线无论采用何种微扰形式，均能获得 $150°$ 甚至 $200°$ 左右的 3 dB 轴比波束宽度，但是小地板无法满足导弹、飞机、轮船等大型金属载体表面的通信需求。为解决大地板环境下的宽轴比波束问题，本节提出了基于悬置介质基板的宽轴比波束圆极化天线设计方法[2]，该方法融合了天线的 TM_{10} 模和 TM_{01} 模。

图 4.8 为多模谐振宽轴比波束微带贴片天线的结构示意图，天线主要由辐射贴片、馈电网络、悬置介质基板、馈电探针等结构组成，天线具体参数如下：$L=52$ mm、$L_1=26$ mm、$W_1=1.07$ mm、$W_2=0.3$ mm、$W_3=0.55$ mm、$W_4=0.2$ mm、$G_1=200$ mm、$G_2=240$ mm、$H_1=3.013$ mm。悬置介质基板的相对介电常数为 3.55、厚度 H_2 为 0.813 mm。该天线除具备宽轴比波束特性外，还具备低剖面、大地板等特性，详细设计步骤如下：

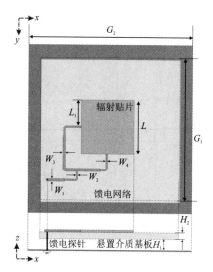

图 4.8　多模谐振宽轴比波束微带贴片天线的结构示意图

第一步，天线产生圆极化波应具备三要素：（1）一对正交模式。（2）正交模产生的场分量 $|E_\theta|$ 与 $|E_\varphi|$ 幅度相等。（3）正交模产生的场分量 $|E_\theta|$ 与 $|E_\varphi|$ 相位相差 90°。为满足要素（1），选择具备正交特性的微带贴片天线 TM_{10} 模与 TM_{01} 模，图 4.9 给出了传统圆极化微带贴片天线在 TM_{10} 模与 TM_{01} 模共同谐振下的边缘内场分布图，其中沿贴片左右边缘的蓝色边缘内场由天线 TM_{10} 模产生、沿贴片上下边缘的红色边缘内场由天线 TM_{01} 模产生。

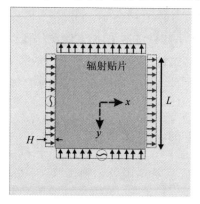

图 4.9　传统圆极化微带贴片天线的边缘场分布图

天线在 TM_{10} 模下的 xoz 面的归一化辐射场可表示为

$$\begin{cases} E_\theta = \cos\left(\pi L \times \dfrac{\sin\theta}{\lambda_0}\right) \\ E_\varphi = 0 \end{cases} \tag{4-6}$$

天线在 TM_{01} 模下的 xoz 面的归一化辐射场可表示为

$$\begin{cases} E_\theta = 0 \\ E_\varphi = \dfrac{\sin\left(\pi L \times \dfrac{\sin\theta}{\lambda_0}\right)}{\pi L \times \dfrac{\sin\theta}{\lambda_0}} \times \cos\theta \end{cases} \tag{4-7}$$

依据式(4-6)～式(4-7)可知，天线 TM_{10} 模与 TM_{01} 模在 xoz 面上分别产生主极化 $|E_\theta|$ 分量与 $|E_\varphi|$ 分量，且二者的等幅度与 $90°$ 相位差通过在 x 轴和 y 轴上采用双端口馈电来保障。在此条件下，微带贴片天线的轴比(AR)特性随角度 θ 变化的函数表达式为

$$AR(\theta) = \left| 20 \times \log_{10} \left| \frac{E_\theta(\theta)}{E_\varphi(\theta)} \right| \right| \tag{4-8}$$

第二步，由式(4-6)～式(4-8)可知，天线的 $|E_\theta|$ 分量、$|E_\varphi|$ 分量及 AR 的函数方程均与核心参量 L/λ_0 相关。因此，图 4.10 给出了基于 TM_{10} 模与 TM_{01} 模的微带贴片天线在不同间距 L/λ_0 下的归一化方向图变化趋势。由图 4.10 可知：当 $L/\lambda_0 = 0.6$ 时，天线 $|E_\varphi|$ 分量的半功率波束宽度明显大于 $|E_\theta|$ 分量的半功率波束宽度，导致两曲线的重合度较差，从而使天线 3 dB 轴比波束宽度仅为 $60°$，如图 4.10(a)所示；当 L/λ_0 减小到 0.4 时，天线 $|E_\varphi|$ 分量的半功率波束宽度与 $|E_\theta|$ 分量的半功率波束宽度相近，导致两曲线的重合度较高，从而使天线 3 dB 轴比波束宽度可拓展至 $140°$，如图 4.10(b)所示；当 L/λ_0 值继续减小到 0.2，天线 $|E_\varphi|$ 分量的半功率波束宽度明显小于 $|E_\theta|$ 分量的半功率波束宽度，导致两曲线的吻合度再次恶化，从而使天线 3 dB 轴比波束宽度减小到 $86°$，如图 4.10(c)所示。为了获得天线宽轴比波束特性，需要将 L/λ_0 值保持在 0.4 左右。

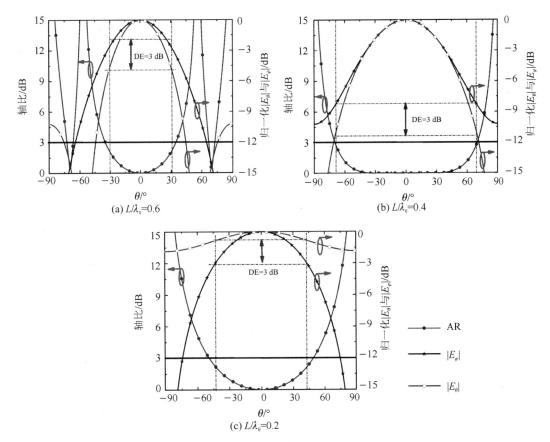

图 4.10　传统微带贴片天线在不同等效磁流间距 L/λ_0 下的归一化方向图变化趋势

第三步，矩形微带贴片天线工作在 TM_{10} 模/TM_{01} 模的谐振频率可表示为

$$f_{10} = \frac{c}{2L\sqrt{\varepsilon_e}} \tag{4-9}$$

式(4-9)中，ε_e 表示介质基板的等效介电常数。

基于式(4-9)可知，核心参量 L/λ_0 可表示为

$$\frac{L}{\lambda_0} = \frac{1}{2\sqrt{\varepsilon_e}} \tag{4-10}$$

由式(4-10)可知，天线核心参量 L/λ_0 与介质基板的等效介电常数密切相关。为了获得宽轴比波束特性，L/λ_0 的值应选择在 0.4 附近。此时，介质基板的等效介电常数约为 1.2，该介电常数值只能通过常规介质基板与空气层混合来实现。图 4.11 为微带贴片天线的混合介质基板结构示意图，其中 ε_1 为下层介质基板的相对介电常数、ε_2 为上层介质基板的相对介电常数。在此条件下，该混合介质基板的等效介电常数 ε_e 可表示为

$$\varepsilon_e = \frac{(H_1 + H_2)\varepsilon_1\varepsilon_2}{H_1\varepsilon_2 + H_2\varepsilon_1} \tag{4-11}$$

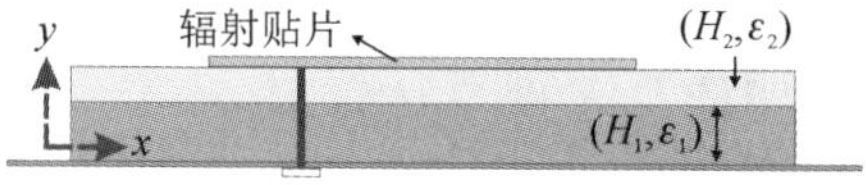

图 4.11　微带贴片天线的混合介质基板结构示意图

依据式(4-11)可知，上述所满足宽轴比波束的等效介电常数 1.2 可通过常规介质基板与空气层相混合产生，即选取上层介质基板的相对介电常数 ε_2 为 3.55、厚度为 0.813 mm，下层介质基板的相对介电常数 ε_1 为 1.0、厚度为 2.2 mm。

第四步，依据图 4.8 所示的天线结构进行加工制作，相关实物如图 4.12 所示。该天线的仿真测试 S 参数与轴比如图 4.13 所示，其结果证明：微带贴片天线在工作频段 2.265～2.285 GHz 内实现了良好的阻抗匹配特性与圆极化波辐射特性，且天线剖面仅为 $0.023\lambda_0$。图 4.14 为多模谐振宽轴比波束微带贴片天线的仿真测试轴比波束与增益。由图 4.14(a)可知，圆极化天线的 3 dB 轴比波束宽度拓展到 120°左右。由图 4.14(b)可知，天线在工作频段内的增益保持在 7 dBic 左右，具备稳定的辐射增益特性。

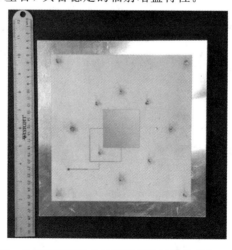

图 4.12　多模谐振宽轴比波束微带贴片天线的加工实物图

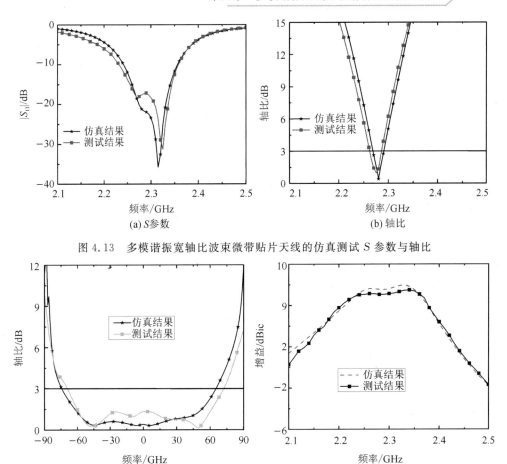

图 4.13　多模谐振宽轴比波束微带贴片天线的仿真测试 S 参数与轴比

图 4.14　多模谐振宽轴比波束微带贴片天线的仿真测试轴比波束与增益

综上所述，通过激励微带贴片天线的 TM_{10} 模与 TM_{01} 模实现了圆极化波特性；采用悬置介质基板技术降低了关键参数 L/λ_0，实现了天线的宽轴比波束特性。最终，所设计的多模谐振天线在大地板条件下具备低剖面、圆极化、宽轴比波束、稳定增益等特点。

4.3　多模谐振天线的增益提升方法

为满足无线通信系统的远距离通信需求，多模谐振天线应具备高增益特性。本节重点介绍多模谐振微带贴片天线在增益提升方面的研究进展，主要包括：(1) 基于销钉加载的多模谐振高增益天线。(2) 基于介电常数调控的多模谐振高增益天线。

4.3.1　基于销钉加载的多模谐振高增益天线设计方法

相较于宽波束特性，高增益特性也是天线领域的重点研究方向之一。为了降低天线的制作成本、避免馈电网络引入损耗，本节讨论多模谐振天线的高增益设计方法[3]，该方法融合了天线的 TM_{10} 模和 TM_{12} 模。

图 4.15 为基于短路销钉加载的多模谐振高增益微带贴片天线结构示意图，天线主要由辐射贴片、短路销钉、缝隙 1、缝隙 2、介质基板、差分馈电等结构组成，天线具体设计参数如下：$L=200$ mm、$L_1=80$ mm、$L_2=67$ mm、$L_3=41.5$ mm、$W=200$ mm、$W_1=185$ mm、$W_2=3$ mm、$S_1=72$ mm、$S_2=101.75$ mm、$S_3=101.75$ mm、$D_1=33$ mm、$R=1$ mm、$H_1=5$ mm，介质基板的相对介电常数为 2.55、厚度为 1.542 mm。该天线除具备高增益特性外，还具备低剖面、宽频带、低交叉极化等特性，详细设计步骤如下：

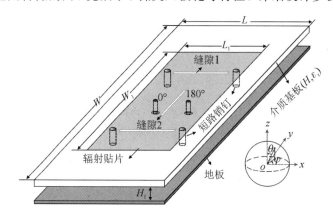

(a) 三维图

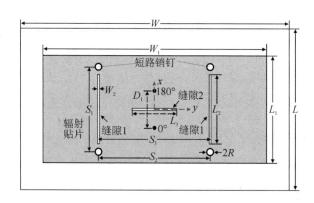

(b) 俯视图

图 4.15　基于短路销钉加载的多模谐振高增益微带贴片天线结构示意图

第一步，由第 2.5.3 节可知，天线的高增益特性需要通过压缩辐射方向图的主瓣波束宽度、保持较低的副瓣电平值来实现。有鉴于此，下面对天线 TM_{10} 模的辐射特性展开理论分析与调控。图 4.16 为基于短路销钉加载的多模谐振高增益微带贴片天线在 TM_{10} 模下的等效磁流分布，其主要由一对等效磁流 $\boldsymbol{M}_{S1}$ 与 $\boldsymbol{M}_{S2}$ 构成。当天线剖面 $(H+H_1)$ 远远小于工作波长 λ_0 时，等效磁流 $\boldsymbol{M}_{S1}$ 与 $\boldsymbol{M}_{S2}$ 与内场 $\boldsymbol{E}$ 的关系式如下：

$$\boldsymbol{M}_S = \boldsymbol{E} \times \hat{n} \tag{4-12}$$

基于第 1 章理论知识，单一等效磁流在 E 面的远场 $|E_\theta|$ 与 H 面的远场 $|E_\varphi|$ 分量可表示为

$$E_\theta = j\frac{k_0(H+H_1)W_1 E_0 e^{-jk_0 r}}{2\pi r}\left\{\cos\varphi\,\frac{\sin(0.5k_0 W_1 \sin\theta\sin\varphi)}{0.5k_0 W_1 \sin\theta\sin\varphi}\right\} \tag{4-13}$$

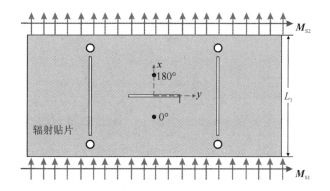

图 4.16　基于短路销钉加载的多模谐振高增益微带贴片天线在 TM_{10} 模下的等效磁流分布

$$E_\varphi = -\mathrm{j}\,\frac{k_0(H+H_1)W_1 E_0\,\mathrm{e}^{-\mathrm{j}k_0 r}}{2\pi r}\left\{\cos\theta\sin\varphi\,\frac{\sin(0.5k_0 W_1\sin\theta\sin\varphi)}{0.5k_0 W_1\sin\theta\sin\varphi}\right\} \quad (4-14)$$

式(4-13)~式(4-14)中，W_1 为辐射贴片宽度，r 为远区观察点位置，k_0 为自由空间波数。

考虑到图 4.16 中天线 TM_{10} 模的辐射场由一对沿 x 轴平行放置的二元等效磁流组成。二元等效磁流间的阵因子表达式如下

$$f_{AF}(\theta,\varphi)=2\cos(0.5k_0 L_S\sin\theta\cos\varphi) \quad (4-15)$$

式中，L_S 表示一对等效磁流的间距。

结合式(4-13)~式(4-15)，微带贴片天线在 E 面的归一化 $|E_\theta|$ 与 $|E_\varphi|$ 分量求解为

$$\begin{cases}E_\theta=\cos(0.5k_0 L_S\sin\theta)\\ E_\varphi=0\end{cases} \quad (4-16)$$

第二步，由式(4-16)可知，天线在 TM_{10} 模下的 E 面方向图波束宽度主要由关键因子 L_S/λ_0 决定。由于贴片尺寸已固定，只能通过调控 TM_{10} 模的谐振频率 f_{10} 来改变 L_S/λ_0 值。因此，图 4.17 给出了不同谐振频率 f_{10} 下微带贴片天线 TM_{10} 模的 E 面归一化方向图，即归一化方向图随 f_{10}/f_0 的变化曲线（f_{10} 为改进微带贴片天线 TM_{10} 模的工作频率，f_0 为传统微带贴片天线 TM_{10} 模的初始频率）。

由图 4.17 可知：传统微带贴片天线的 f_{10} 与初始频率 f_0 相等，此时天线 TM_{10} 模的半功率波束宽度较宽、增益较低；当不断增加 f_{10} 时，天线 TM_{10} 模的半功率波束宽度被压缩、副瓣电平逐渐上升；当 f_{10}/f_0 增加到 2 以上时，天线 E 面副瓣电平与主瓣电平接近、增益反而下降。为了获得高增益特性，需要通过短路销钉加载技术将 f_{10} 提升至 $1.5f_0$ 附近，此时天线 TM_{10} 模的 E 面方向图具备窄波束、低副瓣等特性，此分析结果也符合高增益阵列天线的一般规律。

第三步，开展天线 TM_{12} 模的辐射方向图理论分析与调控。图 4.18 为基于短路销钉加载的多模谐振高增益微带贴片天线在 TM_{12} 模下的等效磁流分布。相较于上述 TM_{10} 模的等效磁流，TM_{12} 模的等效磁流更为复杂，该模式不但有贴片上下边缘的等效磁流 $\boldsymbol{M}_{S1}$，而

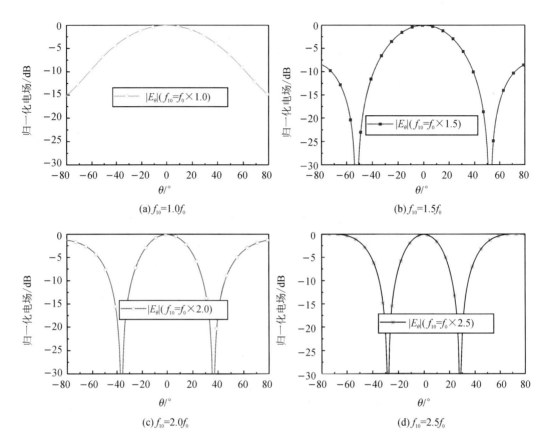

(a)$f_{10}=1.0f_0$

(b)$f_{10}=1.5f_0$

(c)$f_{10}=2.0f_0$

(d)$f_{10}=2.5f_0$

图 4.17 不同谐振频率 f_{10} 下微带贴片天线 TM_{10} 模的 E 面归一化方向图

且有贴片左右边缘的等效磁流 M_{S2}，且等效磁流方向多次变化。

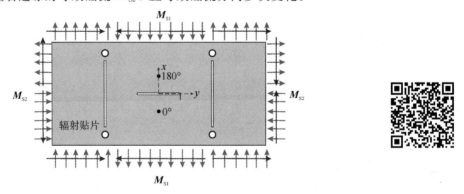

图 4.18 基于短路销钉加载的多模谐振高增益微带贴片天线在 TM_{12} 模下的等效磁流分布

基于图 4.18 中的等效磁流模型，传统微带贴片天线在 TM_{12} 模处的归一化 E 面方向图可求解为

$$\begin{cases} E_\theta = 0 \\ E_\varphi = 0 \end{cases} \qquad (4-17)$$

同理，传统微带贴片天线在 TM_{12} 模处的归一化 H 面方向图可求解为

$$\begin{cases} E_\theta = 0 \\ E_\varphi = \dfrac{(0.5k_0 W_1 \sin\theta)\sin(0.5k_0 W_1 \sin\theta)W_1}{\pi^2 - (0.5k_0 W_1 \sin\theta)^2}\cos\theta \end{cases} \qquad (4-18)$$

第四步，图 4.19 给出了传统微带贴片天线在 TM_{12} 模下的方向图特性。由图 4.19 可知，天线 TM_{12} 模的 E 面方向图无 $|E_\theta|$ 分量与 $|E_\varphi|$ 分量，天线 TM_{12} 模的 H 面方向图仅有 $|E_\varphi|$ 分量，且为双波束辐射特性。

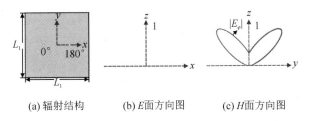

(a) 辐射结构   (b) E 面方向图   (c) H 面方向图

图 4.19 传统微带贴片天线在 TM_{12} 模下的方向图特性

为解决天线 TM_{12} 模的双波束方向图缺陷，需要在辐射贴片中心引入缝隙，如图 4.20 所示，中心缝隙在 E 面产生的归一化辐射场如下：

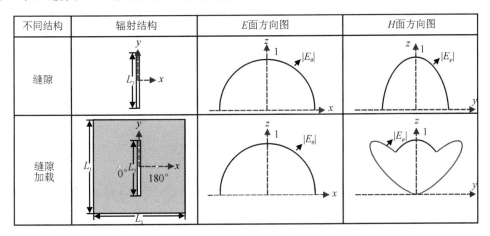

图 4.20 基于缝隙加载的微带贴片天线 TM_{12} 模方向图重塑过程

$$\begin{cases} E_\theta = 1 \\ E_\varphi = 0 \end{cases} \qquad (4-19)$$

同理，中心缝隙在 H 面产生的归一化辐射场如下：

$$\begin{cases} E_\theta = 0 \\ E_\varphi = \dfrac{\sin(0.5k_0 L_3 \sin\theta)}{0.5k_0 L_3 \sin\theta}\cos\theta \end{cases} \qquad (4-20)$$

根据式(4-19)～式(4-20)，图 4.20 画出了基于缝隙加载的微带贴片天线 TM_{12} 模方向图重塑过程。由图 4.20 可知，将缝隙蚀刻在辐射贴片中间时，天线 E 面方向图保持法向辐射特性，且天线 H 面副瓣电平与缝隙长度 L_3 密切相关。为了进一步阐明缝隙对天线 TM_{12} 模方向图的影响，图 4.21 给出了基于缝隙加载的微带贴片天线在不同缝隙长度下 TM_{12} 模的辐射方向图。由图 4.21 可知：当 $L_3 = 0$ 时，天线 TM_{12} 模的 E 面方向图峰值较

低且 H 面方向图呈现双波束特性，其验证了图 4.19 中的理论推导结果；随着 L_3 的增加，天线 TM_{12} 模的法向辐射增益逐步增强；当 $L_3 = 0.4L_1$ 时，天线 H 面副瓣电平相较于主瓣最大值有所降低。为了获得微带贴片天线高增益特性，需要将缝隙长度 L_3 设置为较大值 41.5 mm。

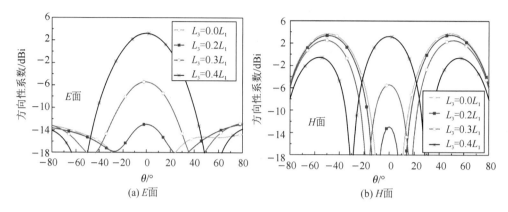

(a) E 面   (b) H 面

图 4.21　基于缝隙加载的微带贴片天线在不同缝隙长度下 TM_{12} 模的辐射方向图

为了验证上述 TM_{10} 模与 TM_{12} 模的正确性，图 4.22 画出了基于短路销钉加载的多模谐振高增益微带贴片天线的内场分布图。由图 4.22 可知：虽然天线内场幅度分布发生了显著改变，但是其轮廓仍然与传统微带贴片天线的 TM_{10} 模与 TM_{12} 模的内场分布规律一致。在此准则下，依旧判定微带贴片天线工作在 TM_{10} 模与 TM_{12} 模。

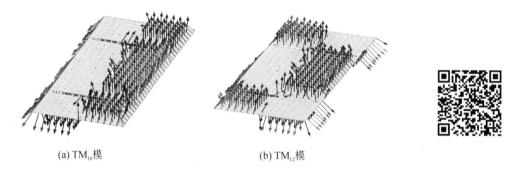

(a) TM_{10} 模   (b) TM_{12} 模

图 4.22　基于短路销钉加载的多模谐振高增益微带贴片天线的内场分布图

第五步，依据图 4.15 所示的天线结构进行加工制作，相关实物如图 4.23 所示。该天线的仿真测试 S 参数与增益如图 4.24 所示，其证明了天线在工作频段 1.8～2.0 GHz（10%）内实现了良好阻抗匹配特性与稳定高增益辐射特性（约 11 dBi 左右），其天线剖面仅为 $0.039\lambda_0$。图 4.25 为基于短路销钉加载的多模谐振高增益微带贴片天线 E 面归一化方向图，在低频 1.85 GHz 与高频 1.95 GHz，天线均具备窄波束、低副瓣、低交叉极化、高增益等特性。

综上所述，采用中心缝隙加载技术重塑了天线 TM_{12} 模的非法向畸变方向图；采用宽边辐射技术降低了天线 TM_{12} 模的谐振频率，同时增加了辐射口径与增益；采用边缘缝隙加载技术降低了天线 TM_{12} 模的谐振频率；采用短路销钉加载技术提升了天线 TM_{10} 模的谐振频率，并与天线 TM_{12} 模的谐振频率相互靠近。最终，所设计的多模谐振天线具备低剖面、宽频带、高增益、低副瓣、低交叉极化、高效率等特性。

图 4.23　基于短路销钉加载的多模谐振高增益微带贴片天线加工实物图

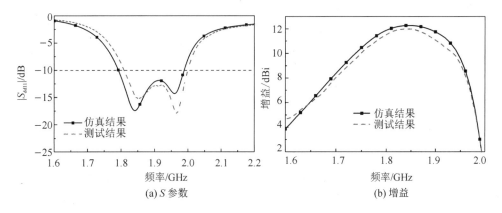

(a) S 参数 　　　　　　(b) 增益

图 4.24　基于短路销钉加载的多模谐振高增益微带贴片天线仿真与测试结果

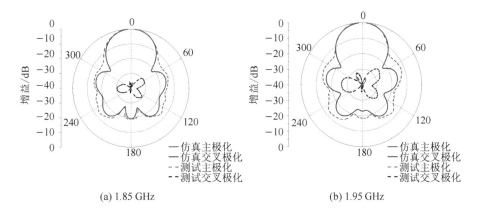

(a) 1.85 GHz　　　　　　(b) 1.95 GHz

图 4.25　基于短路销钉加载的多模谐振高增益微带贴片天线 E 面归一化方向图

4.3.2　基于介电常数调控的多模谐振高增益天线设计方法

除通过短路销钉加载技术提高增益外，调控介质基板的介电常数也是实现微带贴片天线高增益特性的重要手段之一。因此，本节讨论基于介电常数调控的多模谐振高增益天线设计方法[4]，该方法融合了天线的 TM_{10} 模与 TM_{30} 模。

天线结构如图 4.26 所示，天线主要由辐射贴片、中心缝隙、介质基板 1、介质基板 2、短路销钉、耦合馈电等结构组成，天线具体参数如下：$L_1 = 50\ \text{mm}$、$W_1 = 30\ \text{mm}$、$L_c = 20\ \text{mm}$、$W_c = 1\ \text{mm}$、$L_g = 270\ \text{mm}$、$W_g = 150\ \text{mm}$、$S_1 = 0.3\ \text{mm}$、$S_2 = 0.2\ \text{mm}$、$W_2 = 1.5\ \text{mm}$、$W_3 = 0.7\ \text{mm}$、$2R = 0.7\ \text{mm}$、$L_2 = 9.7\ \text{mm}$、$L_3 = 11\ \text{mm}$、$L_4 = 10.5\ \text{mm}$、$L_5 = 34\ \text{mm}$、$L_6 = 4.2\ \text{mm}$、$L_7 = 8.5\ \text{mm}$、$L_S = 16.9\ \text{mm}$、$W_S = 1.5\ \text{mm}$。介质基板 1 的相对介电常数为 3.5、厚度为 4 mm，介质基板 2 的相对介电常数为 2.2、厚度为 0.5 mm。该天线除具备高频高增益特性外，还具备低剖面、低频宽波束、低交叉极化等特性。

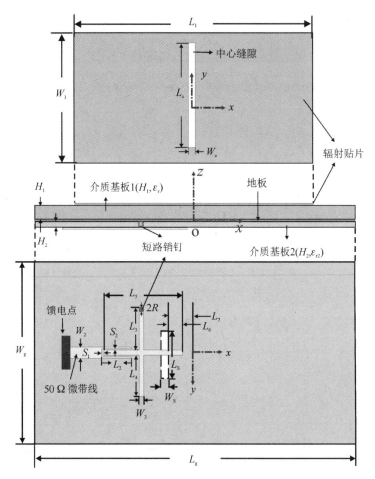

图 4.26　基于介电常数调控的多模谐振高增益微带贴片天线结构示意图

详细设计步骤如下：

第一步，由第 4.2.1 节与第 4.3.1 节可知，天线的宽波束与高增益特性均与二元等效磁流的间距 L/λ_0 密切相关。鉴于此，传统微带贴片天线在 TM_{10} 模与 TM_{30} 模下的 L/λ_0 值与等效介电常数 ε_e 间可建立如下关系：

$$f_{mn} = \frac{c}{2\sqrt{\varepsilon_e}}\sqrt{\left(\frac{m}{L}\right)^2 + \left(\frac{n}{W}\right)^2} \quad\Rightarrow\quad \text{TM}_{10}:\frac{L}{\lambda_{10}} = \frac{1}{2\sqrt{\varepsilon_e}} \tag{4-21}$$

$$f_{mn} = \frac{c}{2\sqrt{\varepsilon_e}}\sqrt{\left(\frac{m}{L}\right)^2 + \left(\frac{n}{W}\right)^2} \Rightarrow \text{TM}_{30}:\frac{L}{\lambda_{30}} = \frac{3}{2\sqrt{\varepsilon_e}} \tag{4-22}$$

式中，L 与 W 为考虑贴片边缘效应后的长度与宽度。

第二步，由式(4-21)～式(4-22)可知，L/λ_0 值与介质基板的等效介电常数 ε_e 呈反比例关系。下面通过改变 ε_e 来实现天线 TM_{10} 模与 TM_{30} 模方向图的有效调控。图 4.27(a) 给出了天线在 TM_{10} 模与 TM_{30} 模下的 E 面方向图随 ε_e 变化的趋势。由图 4.27(a) 可知：随着 ε_e 值的增加，天线在低频 TM_{10} 模处的半功率波束宽度被有效展宽，而天线在高频 TM_{30} 模处的最大增益被有效提升；当 ε_e 为 3.5 时，天线 TM_{10} 模的半功率波束宽度可接近 180°，且天线 TM_{30} 模的增益可达 8.9 dBi。

为进一步提升天线 TM_{30} 模的增益，下面在辐射贴片中心切割线性缝隙，该缝隙可激发出额外辐射场，天线结构如图 4.27(b) 所示。由图 4.27(b) 可知：当缝隙长度 L_c 为 0 mm 时，天线最大增益保持在 8.0 dB 左右且存在高副瓣特性；当缝隙长度 L_c 增加到 20 mm 时，天线的最大增益提升了 2.5 dB，且副瓣电平显著降低了 10 dB。

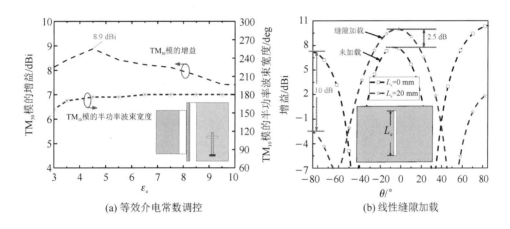

(a) 等效介电常数调控　　　　　(b) 线性缝隙加载

图 4.27　微带贴片天线在 TM_{10} 模与 TM_{30} 模的 E 面方向图随 ε_e 与缝隙长度 L_c 变化的趋势

第三步，依据图 4.26 所示的天线结构进行加工制作，相关实物如图 4.28 所示。该天线的仿真测试 S 参数与增益如图 4.29 所示，其结果证明：微带贴片天线在工作频段 1.42～1.45 GHz 和 3.95～4.13 GHz 内实现了良好的阻抗匹配特性，且天线在双频段内具备稳定的辐射增益（低频 4.5 dBi、高频 9.6 dBi）。图 4.30 为基于介电常数调控的多模谐振高增益微带贴片天线在不同模式下的方向图，其结果证明：天线在低频产生宽波束辐射特性（130°）、在高频产生高增益（9.6 dBi）特性。

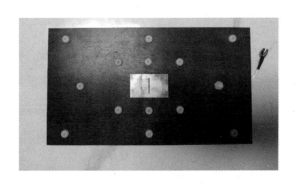

图 4.28　基于介电常数调控的多模谐振高增益微带贴片天线加工实物图

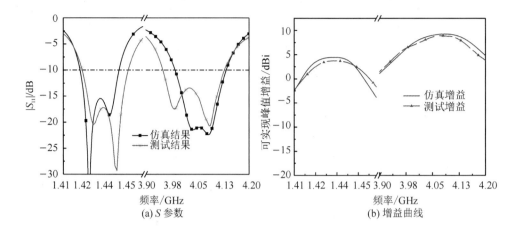

图 4.29　基于介电常数调控的多模谐振高增益微带贴片天线仿真与测试结果

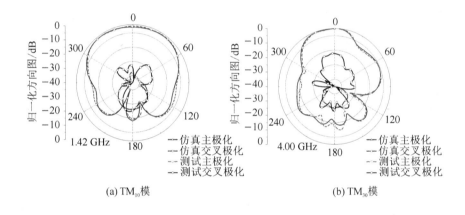

图 4.30　基于介电常数调控的多模谐振高增益微带贴片天线在不同模式下的方向图

综上所述，采用中心缝隙加载技术降低了天线 TM_{30} 模的谐振频率和 E 面副瓣电平，从而实现了高频高增益特性；采用高介点常数技术拉近了天线 TM_{10} 模下的等效磁流间距，从而实现低频宽波束与高频高增益特性；采用 T 型馈电技术实现了天线的双频双模谐振特性。最终，所设计的多模谐振天线具备低剖面、双频带、低频宽波束、高频高增益、低交叉极化等特性。

4.4　多模谐振天线的多波束实现方法

在广角覆盖通信系统中，天线需要具备多波束辐射方向图特性（见图 4.31）。然而，传统单一微带贴片天线的奇次模与偶次模难以实现多波束特性。在此背景下，本节讨论多模谐振天线的多波束实现方法[5]，该方法融合了微带贴片天线的 $TM_{1/2,0}$ 模、$TM_{3/2,0}$ 模、$TM_{1/2,1}$ 模及 $TM_{3/2,1}$ 模，从而实现了低频双波束、高频单波束的多波束特性，基于销钉加载的微带贴片天线多模辐射方向图如图 4.32 所示。

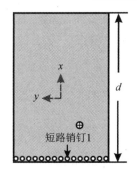

(a) 天线结构

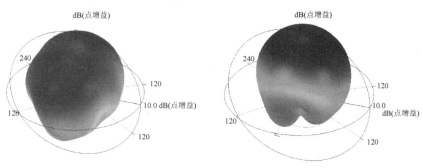

(b) $TM_{1/2,0}$ 模/$TM_{3/2,0}$ 模方向图　　　　　(c) $TM_{1/2,1}$ 模/$TM_{3/2,1}$ 模方向图

图 4.31　传统微带贴片天线的多模辐射方向图

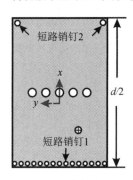

(a) 天线结构

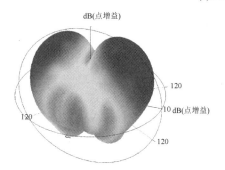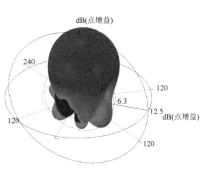

(b) $TM_{1/2,0}$ 模/$TM_{3/2,0}$ 模方向图　　　　　(c) $TM_{1/2,1}$ 模/$TM_{3/2,1}$ 模方向图

图 4.32　基于销钉加载的微带贴片天线多模辐射方向图

图 4.33 为基于销钉加载的多模谐振多波束天线结构示意图，天线主要由辐射贴片、短路销钉、介质基板、馈电探针、地板等结构组成，天线具体参数如下：$L=25$ mm、$L_g=70$ mm、$W=52.8$ mm、$W_g=70$ mm、$D=4.5$ mm、$D_1=46$ mm、$D_2=26$ mm、$D_3=12.5$ mm、$S_1=0.64$ mm、$S_2=4.25$ mm、$R_1=0.4$ mm、$R_2=3.2$ mm、$R_3=2.6$ mm、$H=3$ mm，介质基板的相对介电常数为 2.1、厚度为 3 mm。该天线除具备多波束辐射特性，还具备低剖面、双频宽带、高增益、低交叉极化等特性。

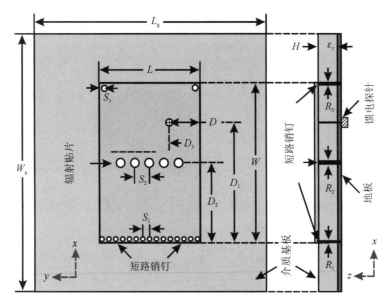

图 4.33 基于销钉加载的多模谐振多波束天线结构示意图

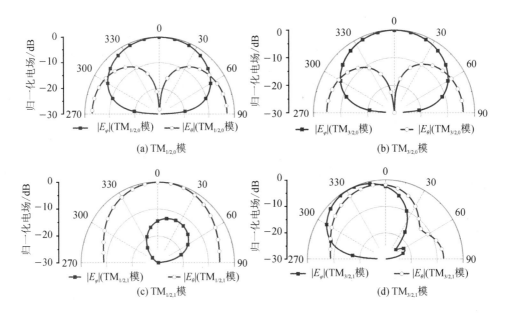

(a) $TM_{1/2,0}$ 模

(b) $TM_{3/2,0}$ 模

(c) $TM_{1/2,1}$ 模

(d) $TM_{3/2,1}$ 模

图 4.34 传统短路壁微带贴片天线在无限大地板下 $TM_{1/2,0}$ 模、$TM_{3/2,0}$ 模、$TM_{1/2,1}$ 模、$TM_{3/2,1}$ 模的辐射方向图

详细设计步骤如下:

第一步，图 4.34 给出了传统短路壁微带贴片天线在无限大地板下 $TM_{1/2,0}$ 模、$TM_{3/2,0}$ 模、$TM_{1/2,1}$ 模、$TM_{3/2,1}$ 模辐射方向图（yoz 面）。由图 4.34 可知：天线 $TM_{1/2,1}$ 模具备良好的法向辐射特性且交叉极化较低，如图 4.34(c) 所示，此模式可直接用来实现单波束特性，后续分析过程中对此模式不做讨论；天线 $TM_{1/2,0}$ 模和 $TM_{3/2,0}$ 模具备单波束特性，但是交叉极化较高，如图 4.34(a) 和图 4.34(b) 所示，后续过程中拟将两模式的方向图重塑为双波束辐射方向图。天线 $TM_{3/2,1}$ 模的方向图最大值倾斜、交叉极化高，如图 4.34(d) 所示，后续分析过程中拟将该模式的方向图重塑为单波束辐射方向图。

第二步，开展对短路壁微带贴片天线 $TM_{1/2,0}$ 模的理论分析与讨论，其目标是将法向辐射方向图重塑为双波束辐射方向图。图 4.35(a)、(b) 分别为短路壁微带贴片天线在加载短路销钉 2 前、后的等效磁流分布图。由图 4.35 可知，传统短路壁微带贴片天线在 $TM_{1/2,0}$ 模下的边缘等效磁流分为沿贴片左右边缘的红色等效磁流 $\boldsymbol{M}_{S1}$ 和 $\boldsymbol{M}_{S2}$、沿贴片上边缘的绿色等效磁流 $\boldsymbol{M}_{S3}$，如图 4.35(a) 所示。

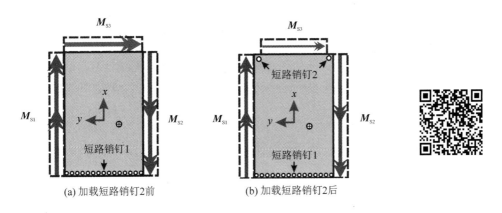

(a) 加载短路销钉2前　　　　　　　(b) 加载短路销钉2后

图 4.35　短路壁微带贴片天线在加载短路销钉 2 前后的等效磁流分布图

等效磁流 $\boldsymbol{M}_{S1}$ 和 $\boldsymbol{M}_{S2}$ 在 yoz 面共同产生的远区辐射场可表示为

$$E_\theta = \sin\left(\frac{\pi L \sin\theta}{\lambda_0}\right) \tag{4-23}$$

$$E_\varphi = 0 \tag{4-24}$$

绿色等效磁流 $\boldsymbol{M}_{S3}$ 在 yoz 面的远区辐射场可表示为

$$E_\theta = 0 \tag{4-25}$$

$$E_\varphi = \frac{\sin(\pi W \sin\theta/\lambda_0)\cos\theta}{\pi W \sin\theta/\lambda_0} \tag{4-26}$$

由式(4-23)~式(4-26)可知，在加载短路销钉 2 前，天线 $TM_{1/2,0}$ 模的法向辐射方向图来源于绿色等效磁流 $\boldsymbol{M}_{S3}$（$|E_\varphi|$ 分量），而天线 $TM_{1/2,0}$ 模的双波束辐射方向图来源于红色等效磁流 $\boldsymbol{M}_{S1}$ 和 $\boldsymbol{M}_{S2}$（$|E_\theta|$ 分量）。为了将 $TM_{1/2,0}$ 模的方向图重塑为双波束，绿色等效磁流 $\boldsymbol{M}_{S3}$ 所产生的电场分量需要被抑制。有鉴于此，将短路销钉 2 加载在绿色等效磁流 $\boldsymbol{M}_{S3}$ 边缘可以削弱 $\boldsymbol{M}_{S3}$ 所产生的 $|E_\varphi|$ 分量，如图 4.35(b) 所示。图 4.36 为图 4.35 中短路壁微带贴片天线在加载短路销钉 2 前后的归一化方向图。由图 4.36 可知，

当天线加载短路销钉 2 前，天线 $\mathrm{TM}_{1/2,0}$ 模呈现法向波束特性，如图 4.36(a)所示。在天线加载短路销钉 2 后，天线的 $|E_\varphi|$ 分量被显著降低，从而被重塑为双波束方向图，如图 4.36(b)所示。

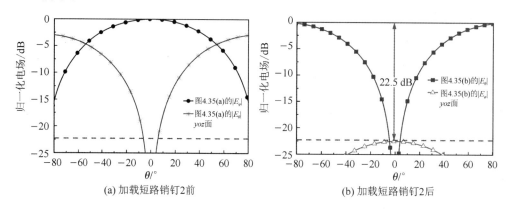

(a) 加载短路销钉 2 前

(b) 加载短路销钉 2 后

图 4.36　图 4.35 中短路壁微带贴片天线在短路销钉 2 加载前后的归一化方向图

第三步，开展对短路壁微带贴片天线 $\mathrm{TM}_{3/2,0}$ 模的理论分析与讨论，其目标是将法向辐射方向图重塑为双波束辐射方向图。图 4.37(a)给出了短路壁微带贴片天线在加载短路销钉 2 后的等效磁流分布，由于短路销钉 2 削弱了绿色等效磁流 $\boldsymbol{M}_{\mathrm{S3}}$ 的强度，其辐射场在此忽略不计。同时，假定图 4.37(a)中蓝色等效磁流 $n\boldsymbol{M}_{\mathrm{S1}}$、$n\boldsymbol{M}_{\mathrm{S2}}$ 与红色等效磁流 $\boldsymbol{M}_{\mathrm{S1}}$、$\boldsymbol{M}_{\mathrm{S2}}$ 的幅度比值为 n。在此条件下，图 4.37(a)中天线 $\mathrm{TM}_{3/2,0}$ 模在 yoz 面的辐射场可表示为

$$E_\theta = (1-n)\sin\left(\frac{\pi L \sin\theta}{\lambda_0}\right) \tag{4-27}$$

$$E_\varphi = 0 \tag{4-28}$$

根据式(4-27)和式(4-28)，图 4.37(b)画出了基于短路销钉 2 加载的微带贴片天线在 $\mathrm{TM}_{3/2,0}$ 模下的 yoz 面方向图随比值 n 的变化趋势。由图 4.37 可知，通过降低 n 值可以增强天线所产生的双波束 $|E_\theta|$ 分量幅度。

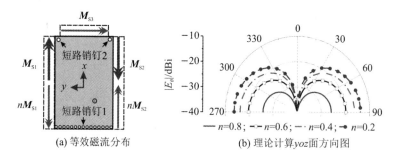

(a) 等效磁流分布

(b) 理论计算 yoz 面方向图

图 4.37　基于短路销钉 2 加载的短路壁微带贴片天线在 $\mathrm{TM}_{3/2,0}$ 模下的
等效磁流分布与方向图

在实现过程中，比值 n 可以通过加载短路销钉来实现。因此，天线在加载不同短路销钉 3 下的内场与方向图变化趋势如图 4.38 所示。由图 4.38(a)可知，随着销钉 3 个数的增加，图 4.37(a)中蓝色等效磁流附近区域的内场被削弱，从而降低了比值 n。由图 4.38(b)可知，当将

短路销钉 3 的个数增加至 5 时，天线 $TM_{3/2,0}$ 模的方向图被重塑为双波束辐射方向图。

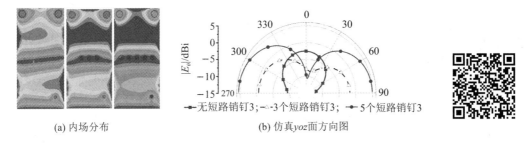

(a) 内场分布　　　　　　(b) 仿真 yoz 面方向图

图 4.38　基于短路销钉 3 加载的短路壁微带贴片天在 $TM_{3/2,0}$ 模下的内场分布与方向图

　　第四步，开展对短路壁微带贴片天线 $TM_{3/2,1}$ 模的理论分析与讨论，其目标是将畸变方向图重塑为单波束方向图。图 4.39(a) 给出了短路壁微带贴片天线在加载短路销钉 2 后的等效磁流分布，由于短路销钉 2 削弱了绿色等效磁流 $\boldsymbol{M}_{S3}$ 的强度，其辐射场在此忽略不计。同时，假定图 4.39(a) 中蓝色等效磁流 $n\boldsymbol{M}_{S1}$、$n\boldsymbol{M}_{S2}$ 与红色等效磁流 $\boldsymbol{M}_{S1}$、$\boldsymbol{M}_{S2}$ 的幅度比值为 n。在此条件下，图 4.39(a) 中天线 $TM_{3/2,1}$ 模在 yoz 面的辐射场可表示为

$$E_\theta = (1-n)\cos\left(\frac{\pi L \sin\theta}{\lambda_0}\right) \tag{4-29}$$

$$E_\varphi = 0 \tag{4-30}$$

　　根据式 (4-29) 和式 (4-30) 可知，图 4.39(b) 画出了短路壁微带贴片天线在 $TM_{3/2,1}$ 模下的 yoz 面方向图随比值 n 的变化趋势。由图 4.39 可知，n 值的减小可增强单波束辐射场 $|E_\theta|$ 分量的幅度。

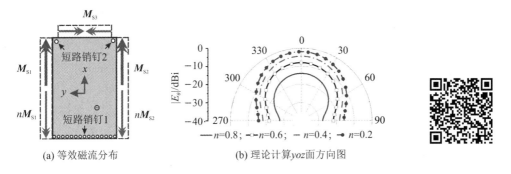

(a) 等效磁流分布　　　　　　(b) 理论计算 yoz 面方向图

图 4.39　基于短路销钉 2 加载的短路壁微带贴片天线在 $TM_{3/2,1}$ 模下的
　　　　　等效磁流分布与方向图

　　在实现过程中，比值 n 可以通过加载短路销钉来实现。因此，天线在加载不同短路销钉 3 下的内场与方向图变化趋势如图 4.40 所示。由图 4.40(a) 可知，随着销钉 3 个数的增加，图 4.39(a) 中蓝色等效磁流附近区域的内场被削弱，从而降低了比值 n。由图 4.38(b) 可知，当将短路销钉 3 的个数增加至 5 时，天线 $TM_{3/2,1}$ 模的方向图被重塑为单波束辐射方向图。

　　为了验证上述模式的正确性，图 4.41 给出了基于销钉加载的多模谐振多波束天线的内场分布图。虽然天线的内场幅度分布发生了显著改变，但是其轮廓仍然与传统微带贴片天线 $TM_{1/2,0}$ 模、$TM_{3/2,0}$ 模、$TM_{1/2,1}$ 模、$TM_{3/2,1}$ 模的内场分布规律一致。在此准则下，依旧判定微带贴片天线工作在 $TM_{1/2,0}$ 模、$TM_{3/2,0}$ 模、$TM_{1/2,1}$ 模、$TM_{3/2,1}$ 模。

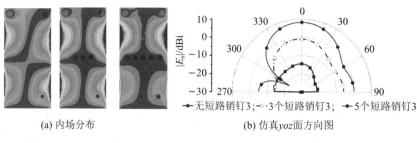

(a) 内场分布　　　　　　　　(b) 仿真 yoz 面方向图

━■━无短路销钉3；-△-3个短路销钉3；━●━5个短路销钉3

图 4.40　基于短路销钉 3 加载的短路壁微带贴片天线在 $\mathrm{TM}_{3/2,1}$ 模下的
内场分布与方向图

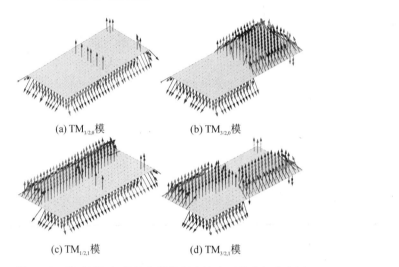

(a) $\mathrm{TM}_{1/2,0}$ 模　　　　　　　(b) $\mathrm{TM}_{3/2,0}$ 模

(c) $\mathrm{TM}_{1/2,1}$ 模　　　　　　　(d) $\mathrm{TM}_{3/2,1}$ 模

图 4.41　基于销钉加载的多模谐振多波束天线内场分布图

　　第五步，依据图 4.33 所示的天线结构进行加工制作，相关实物如图 4.42 所示。该天线的仿真测试 S 参数与增益如图 4.43 所示，其结果证明：微带贴片天线在工作频段 4.0～4.29 GHz（7%）和 5.24～5.77 GHz（10%）频段内实现了良好的阻抗匹配特性，且天线保持稳定的辐射增益特性（低频段天线增益保持在 7 dBi 左右，高频段天线增益保持在 11 dBi 左右）。图 4.44 为基于销钉加载的多模谐振多波束天线在不同模式下的辐射方向图，其结果证明：天线在低频段谐振在 $\mathrm{TM}_{1/2,0}$ 模和 $\mathrm{TM}_{3/2,0}$ 模，且呈现双波束特性；天线在高频段谐振在 $\mathrm{TM}_{1/2,1}$ 模和 $\mathrm{TM}_{3/2,1}$ 模，且呈现法向波束特性。

图 4.42　基于销钉加载的多模谐振多波束天线加工实物图

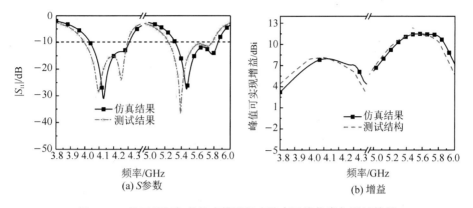

(a) S参数　　　　　　　　　　　(b) 增益

图 4.43　基于销钉加载的多模谐振多波束天线仿真与测试结果

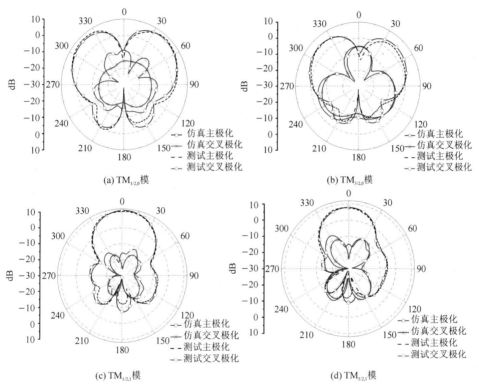

(a) $TM_{1/2,0}$模　　　　　　　　(b) $TM_{3/2,0}$模

(c) $TM_{1/2,1}$模　　　　　　　　(d) $TM_{3/2,1}$模

图 4.44　基于销钉加载的多模谐振多波束天线在不同模式下的辐射方向图

　　综上所述，采用短路销钉 2 加载技术，将天线 $TM_{1/2,0}$ 模和 $TM_{3/2,0}$ 模的单波束方向图重塑为双波束方向图；采用短路销钉 3 加载技术，将天线 $TM_{3/2,1}$ 模的方向图重塑为单波束高增益方向图。最终，所设计的多模谐振天线具备低剖面、双频宽带、单波束、双波束、高增益、低交叉极化、稳定增益、高效率等特性。

4.5　多模谐振天线的方向图重塑方法

　　当前，天线高次模方向图的畸变缺陷导致部分研究者舍弃对其深入讨论与复用。本节的设计思路与之相反，拟将诸多"无用"高次模式变为"有用"模式(变废为宝)。在此背景下，本节讨论多模谐振微带贴片天线的方向图重塑方法[6]，该方法融合了微带贴片天线的 TM_{10} 模与 TM_{12} 模。

图 4.45 为基于多模重塑的双频宽带宽波束微带贴片天线结构示意图，天线主要由辐射贴片、短路销钉、介质基板、馈电探针等结构组成，天线具体参数如下：$L=45.9$ mm、$L_1=24.2$ mm、$L_2=19.7$ mm、$L_3=11$ mm、$L_4=5.2$ mm、$L_g=90$ mm、$W=69.4$ mm、$W_1=1$ mm、$W_g=130$ mm、$R_1=1$ mm、$R_2=0.4$ mm、$D=2$ mm、$D_1=8.1$ mm、$S=12.4$ mm、$S_1=1.4$ mm、$S_2=0.65$ mm、$N=9$ mm，介质基板的相对介电常数为 2.2、厚度为 4 mm。

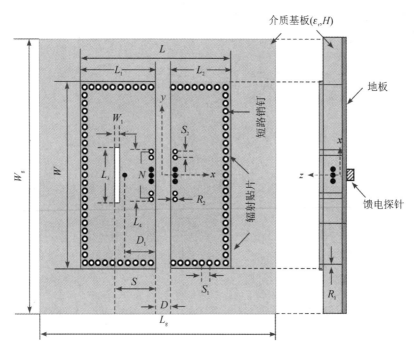

图 4.45 基于多模重塑的双频宽带宽波束微带贴片天线结构示意图

为明晰设计目标，图 4.46 给出了双频宽带宽波束微带贴片天线的多模方向图调控前后对比图，由图 4.46 可知：调控前，天线 TM_{10} 模存在窄波束不足缺陷，天线 TM_{12} 模存在波束指向畸变缺陷；调控后，天线 TM_{10} 模的 E 面方向图波束宽度被展宽(目标 1)、天线 TM_{12} 模的最大辐射方向被重塑(目标 2)、天线 TM_{12} 模的 E 面方向图波束宽度被展宽(目标 3)、天线 TM_{12} 模的 H 面方向图副瓣被抑制(目标 4)。最终，所设计的多模谐振天线具备低剖面、双频宽带、E 面宽波束、低交叉极化、H 面低副瓣、高效率等特性。

第一步，传统微带贴片天线在 TM_{10} 模下的 E 面归一化方向图可表示为

$$\begin{cases} E_\theta = \cos\left(\dfrac{\pi L \sin\theta}{\lambda_0}\right) \\ E_\varphi = 0 \end{cases} \tag{4-31}$$

同时，传统微带贴片天线在 TM_{10} 模下的 H 面归一化方向图可表示为

$$\begin{cases} E_\theta = 0 \\ E_\varphi = \dfrac{\sin\left(\dfrac{\pi W \sin\theta}{\lambda_0}\right)\cos\theta}{\dfrac{\pi W \sin\theta}{\lambda_0}} \end{cases} \qquad (4-32)$$

(a) 调控前天线结构　　　　　　　(b) 调控后天线结构

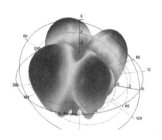

(c) 调控前TM_{10}模的方向图

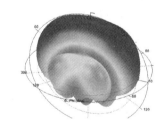

(d) 调控后TM_{10}模的方向图

(e) 调控前TM_{12}模的方向图　　　　　　(f) 调控后TM_{12}模的方向图

图 4.46　双频宽带宽波束微带贴片天线的多模方向图调控前后对比图

　　基于式(4-31)~式(4-32)，图 4.47 画出了传统微带贴片天线在 TM_{10} 模下的等效磁流、内场及方向图。天线 TM_{10} 模的方向图半功率波束宽度主要由二元阵等效磁流的阵因子决定，如图 4.47(a)所示；天线 TM_{10} 模的内场分布同样验证了上述结论，如图 4.47(b)所示；在此条件下，传统微带贴片天线的 E 面方向图存在窄波束缺陷，如图 4.47(c)所示。

　　第二步，为展宽天线 TM_{10} 模的方向图波束宽度，图 4.48 给出了改进微带贴片天线 1 在 TM_{10} 模下的等效磁流、内场及方向图。当在天线加载短路销钉并引入中心缝隙后(沿 y 轴)，传统二元阵等效磁流被替换为单一等效磁流，如图 4.47(a)、4.48(a)所示；天线 TM_{10} 模的内场分布同样验证了上述结论，如图 4.47(b)、图 4.48(b)所示；在此条件下，改进微带贴片天线 1 在 TM_{10} 模下的 E 面半功率波束宽度被展宽，如图 4.47(c)、图 4.48(c)所示。

　　为了验证上述加载方法的正确性，图 4.49 对比了图 4.47 和图 4.48 中微带贴片天线在无限大地板情况下的方向图。由图 4.49 可知：传统微带贴片天线的 E 面方向图半功率波束宽度仅为 $100°$；当采用改进微带贴片天线 1 后，天线 TM_{10} 模的 E 面方向图半功率波束宽度被提升至 $178°$，从而实现了目标 1。

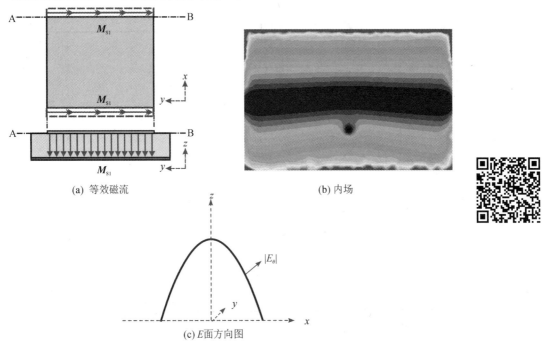

图 4.47   传统微带贴片天线在 TM_{10} 模下的等效磁流、内场及方向图示意图

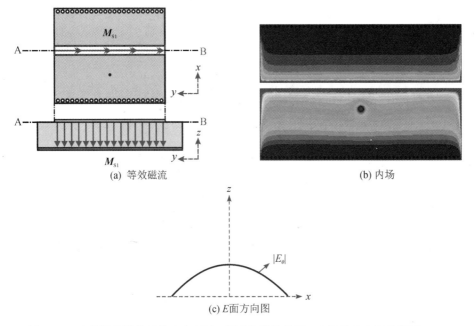

图 4.48   改进微带贴片天线 1 在 TM_{10} 模下的等效磁流、内场及方向图示意图

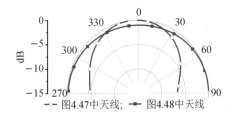

图 4.49　微带贴片天线在无限地板情况下 TM_{10} 模的 E 面归一化方向图

第三步，讨论天线 TM_{12} 模的辐射方向图重塑方法。改进微带贴片天线 1 在 TM_{12} 模下的 E 面辐射方向图可表示为

$$\begin{cases} E_\theta = 0 \\ E_\varphi = 0 \end{cases} \tag{4-33}$$

基于式 (4-33)，图 4.50 画出了改进微带贴片天线 1 在 TM_{12} 模下的等效磁流、内场及方向图。天线 TM_{12} 模的辐射场主要由红色等效磁流 M_{S2} 与绿色等效磁流 M_{S1} 产生，如图 4.50(a) 所示；天线 TM_{12} 模的内场分布同样验证了上述结论，如图 4.50(b) 所示；由于 M_{S1} 和 M_{S2} 的幅度相同且方向相反，天线 TM_{12} 模在 z 轴方向的辐射场较小，如图 4.50(c)~4.50(d) 所示。

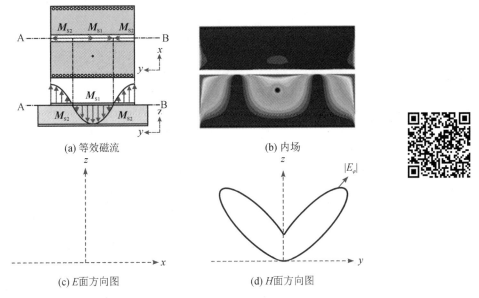

图 4.50　改进微带贴片天线 1 在 TM_{12} 模下的等效磁流、内场及方向图示意图

第四步，为了解决天线 TM_{12} 模的法向波束凹陷问题，改进微带贴片天线 2 在 TM_{12} 模下的 E 面辐射方向图可表示为

$$\begin{cases} E_\theta = 1 \\ E_\varphi = 0 \end{cases} \tag{4-34}$$

同时，改进微带贴片天线 2 在 TM_{12} 模下的 H 面辐射方向图可表示为

$$\begin{cases} E_\theta = 0 \\ E_\varphi = \dfrac{\cos(\pi W \sin\theta / \lambda_0)\, W\cos\theta}{\pi^2 - (2\pi W \sin\theta / 3\lambda_0)^2} \end{cases} \tag{4-35}$$

结合式 (4-34) 和式 (4-35)，图 4.51 给出了改进微带贴片天线 2 在 TM_{12} 模下的等效磁流、

内场及方向图示意图。当在天线边缘加载短路销钉(沿 x 轴),绿色等效磁流 $\boldsymbol{M}_{S1}$ 幅度与红色等效磁流 $\boldsymbol{M}_{S2}$ 的幅度比值降低了一半,如图 4.51(a)所示;天线 TM_{12} 模的内场分布同样验证了上述结论,如图 4.51(b)所示;在此条件下,改进微带贴片天线 1 在 TM_{12} 模下的最大辐射方向被重塑为 z 轴,同时其 E 面半功率波束宽度被展宽,如图 4.51(c)和图 4.51(d)所示。

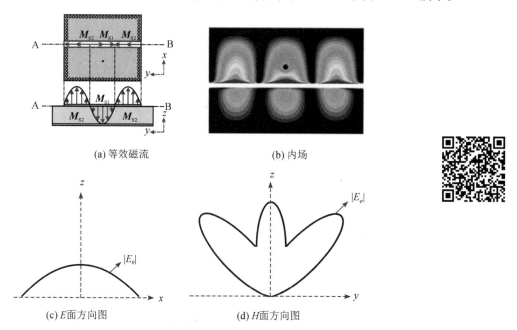

图 4.51 改进微带贴片天线 2 在 TM_{12} 模下的等效磁流、内场及方向图示意图

为了验证上述加载方法的正确性,图 4.52 对比了图 4.50 和图 4.51 中微带贴片天线在无限大地板情况下的方向图。由图可知:相较于改进微带贴片天线 1,改进微带贴片天线 2 在 TM_{12} 模下的最大辐射方向被重塑为 z 轴方向,同时其 E 面方向图具备宽波束特性,从而实现了目标 2 与目标 3,如图 4.52(a)所示。但是,天线在 TM_{12} 模下的 H 面方向图存在高副瓣缺陷,如图 4.52(b)所示。

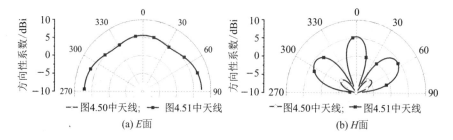

图 4.52 无限大地板情况下改进微带贴片天线 1 与改进微带贴片天线 2 的方向图对比

第五步,为了解决图 4.52(b)中 H 面高副瓣问题,可以将比例因子 n 引入式(4-34)中,其中 n 代表等效磁流 $\boldsymbol{M}_{S1}$ 和红色等效磁流 $\boldsymbol{M}_{S2}$(一半区间)的幅度比值。在此条件下,天线 H 面辐射方向图可修正为

$$\begin{cases} E_\theta = 0 \\ E_\varphi = \dfrac{\cos\left(\pi W\sin\theta/\lambda_0\right)W\cos\theta}{\pi^2 - \left(2\pi W\sin\theta/3\lambda_0\right)^2} - (1-n)\dfrac{\cos\left(\pi W\sin\theta/3\lambda_0\right)W\cos\theta}{\left(2\pi W\sin\theta/3\lambda_0\right)^2 - \pi^2} \end{cases} \quad (4-36)$$

　　基于式(4-36)，图 4.53 画出了天线 TM_{12} 模的 H 面辐射方向图随比值 n 的变化曲线。当 $n=1$ 时，绿色等效磁流 $\boldsymbol{M}_{S1}$ 和红色等效磁流 $\boldsymbol{M}_{S2}$ 为图 4.51(a)中分布，导致 H 面方向图副瓣电平与主瓣接近；随着 n 值的减小，天线 H 面方向图副瓣电平逐步降低；当 $n=0.25$ 时，天线 H 面副瓣电平降低到 -10 dB 左右。有鉴于此，为了降低天线 H 面副瓣电平，可以通过减少绿色等效磁流 $\boldsymbol{M}_{S1}$ 的幅度或者增强红色等效磁流 $\boldsymbol{M}_{S2}$ 的幅度来实现。

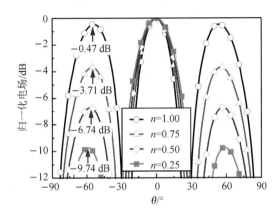

图 4.53　改进微带贴片天线 2 在 TM_{12} 模下的 H 面辐射方向图随比值 n 的变化曲线

　　在具体实现过程中，减小绿色等效磁流 $\boldsymbol{M}_{S1}$ 的幅度可以通过加载短路销钉来获得。图 4.54 给出了改进微带贴片天线 3 的结构示意图及其在 TM_{12} 模下对应的内场分布。图 4.54 可知：当在贴片中心处加载短路销钉后，绿色等效磁流 $\boldsymbol{M}_{S1}$ 的幅度被削弱，从而降低幅度比值 n，如图 4.54(a)所示；天线 TM_{12} 模的内场分布同样验证了上述结论，如图 4.54(b)所示。

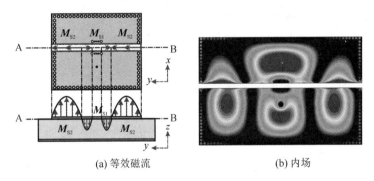

(a) 等效磁流　　　　　　　　　　(b) 内场

图 4.54　改进微带贴片天线 3 的结构示意图及其在 TM_{12} 模下对应的内场分布

　　为了验证上述加载方法的正确性，图 4.55 给出了改进微带贴片天线 3 在不同短路销钉个数 N 下 TM_{12} 模的 H 面归一化方向图。由图可知：随着销钉个数 N 的增加，绿色等效磁流 $\boldsymbol{M}_{S1}$ 的幅度逐渐减小，导致天线 H 面副瓣电平逐渐下降；当 N 等于 9 时，天线 H 面副瓣电平降低至 -9 dB 左右，从而实现了目标 4。

　　第六步，依据图 4.45 所示的天线结构进行加工制作，相关实物如图 4.56 所示。该天线的仿真测试 S 参数、增益、HPBW 及效率如图 4.57 所示，其结果证明：所设计多模谐振微带贴片天线在工作频段 3.45～3.77 GHz 和 5.75～6.04 GHz 内均具备良好的阻抗匹配特性，在低频处天线增益保持在 6 dBi 左右、半功率波束宽度保持在 150°左右、总效率保持

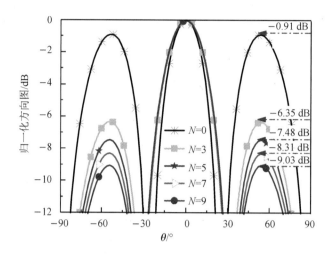

图 4.55 改进微带贴片天线 3 在不同短路销钉个数 N 下 TM_{12} 模的 H 面归一化方向图

在 90% 左右，在高频处天线增益保持在 8 dBi 左右、半功率波束宽度保持在 140°左右、总效率保持在 90% 左右。图 4.58 给出了基于多模重塑的双频宽带宽波束微带贴片天线 E 面归一化方向图。图 4.59 为基于多模重塑的双频宽带宽波束微带贴片天线 H 面归一化方向图。由图 4.59 可知，天线方向图在 E 面具备宽波束特性、在 H 面保持低副瓣特性。

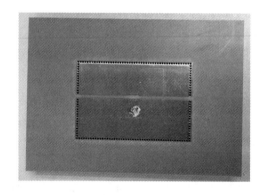

图 4.56 基于多模重塑的双频宽带宽波束微带贴片天线加工实物图

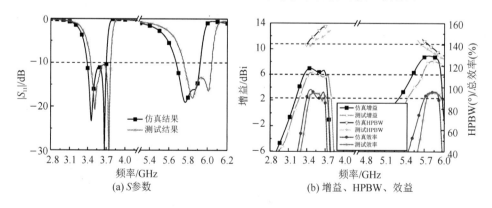

(a) S 参数

(b) 增益、HPBW、效益

图 4.57 基于多模重塑的双频宽带宽波束微带贴片天线仿真与测试结果

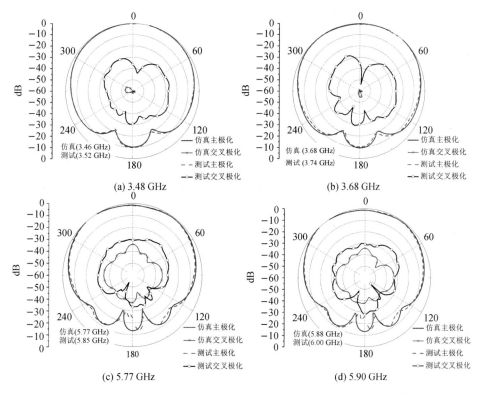

图 4.58　基于多模重塑的双频宽带宽波束微带贴片天线 E 面归一化方向图

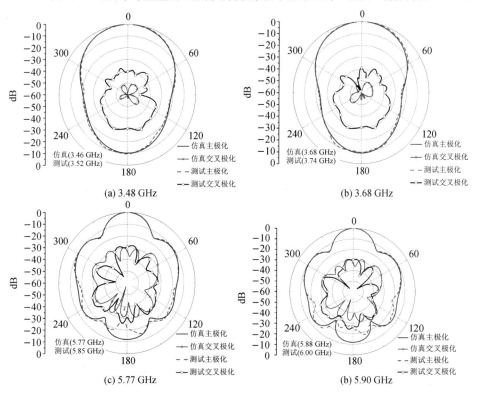

图 4.59　基于多模重塑的双频宽带宽波束微带贴片天线 H 面归一化方向图

综上所述，采用单一等效磁流方法实现了天线在低频 TM_{10} 模处的宽波束辐射特性；采用短路边界方法实现了天线高频 TM_{12} 模的法向辐射特性；采用压缩绿色等效磁流技术实现了天线高频 TM_{12} 模的低副瓣特性。最终，所设计的多模谐振天线具备低剖面、双频宽带、稳定增益、高效率、宽波束、低交叉极化、低副瓣等特性。

4.6 多模谐振天线的交叉极化抑制方法

除主波束方向图外，交叉极化也是天线领域的重点研究内容之一。由于馈电不平衡性，传统微带贴片天线在主模下 H 面方向图的交叉极化电平增加至 -10 dB 左右。有鉴于此，国内外学者对传统微带贴片天线的交叉极化提出了一系列抑制方法。然而，相较于传统微带贴片天线，短路壁微带贴片天线面临更为恶劣的 H 面交叉极化电平。在此背景下，本节讨论更具挑战性的多模谐振短路壁微带贴片天线的交叉极化抑制方法[7]，该方法重塑了天线的 $TM_{1/2,2}$ 模的方向图。

图 4.60 为基于枝节加载的低交叉极化短路壁微带贴片天线结构图，天线主要由辐射贴片、短路销钉、开路枝节、同轴探针馈电、介质基板等结构组成，天线具体参数如下：$L_g = 150$ mm、$L_1 = 40$ mm、$L_2 = 4$ mm、$L_3 = 19.2$ mm、$W_g = 150$ mm、$W_1 = 26$ mm、$W_2 = 0.3$ mm、$R_1 = 1$ mm、$D = 20.5$ mm，介质基板的相对介电常数为 2.1、厚度为 3 mm。

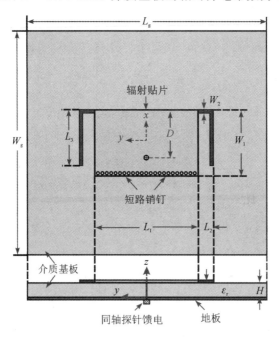

图 4.60 基于枝节加载的低交叉极化短路壁微带贴片天线结构图

为明晰设计目标，图 4.61 画出了短路壁微带贴片天线的 H 面交叉极化抑制效果图。传统短路壁微带贴片天线在 $TM_{1/2,0}$ 模下存在较高的交叉极化 E_θ 分量，如图 4.61(a)、(b) 所示；传统短路壁微带贴片天线在 $TM_{1/2,2}$ 模下的 E_θ 分量幅度值比 E_φ 分量幅度值更大，如图 4.61(c)、(d) 所示；在传统短路壁微带贴片天线边缘引入一对开路枝节，天线 $TM_{1/2,2}$

模的 E_θ 分量幅度值显著降低，且天线 $TM_{1/2,2}$ 模的 E_φ 分量幅度值显著增强，从而实现 H 面低交叉极化特性，如图 4.61(e)、(f)所示。

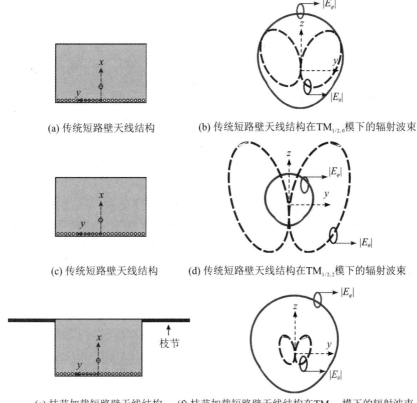

(a) 传统短路壁天线结构　　(b) 传统短路壁天线结构在$TM_{1/2,0}$模下的辐射波束

(c) 传统短路壁天线结构　　(d) 传统短路壁天线结构在$TM_{1/2,2}$模下的辐射波束

(e) 枝节加载短路壁天线结构　　(f) 枝节加载短路壁天线结构在$TM_{1/2,2}$模下的辐射波束

图 4.61　短路壁微带贴片天线的 H 面交叉极化抑制效果图

第一步，分析传统短路壁微带贴片天线的 H 面交叉极化产生原因。图 4.62 为传统短路壁微带贴片天线在 $TM_{1/2,2}$ 模下的内场与等效磁流分布示意图，其等效磁流主要由沿贴片左右边缘的蓝色等效磁流 $\boldsymbol{M}_{S3}$、沿贴片上边缘的红色等效磁流 $\boldsymbol{M}_{S2}$、沿贴片上边缘的绿色等效磁流 $\boldsymbol{M}_{S1}$ 组成。在此条件下，沿 $\boldsymbol{M}_{S1}$ 与 $\boldsymbol{M}_{S2}$ 的等效磁流总内场表达式为

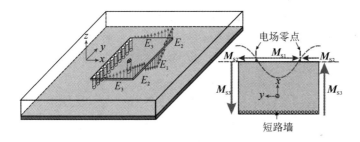

图 4.62　传统短路壁微带贴片天线在 $TM_{1/2,2}$ 模下的内场与等效磁流分布示意图

$$E_z = -E_0\cos\left(\frac{2\pi y}{L_1}\right) \tag{4-37}$$

式中，L_1 为辐射贴片的等效长度。

同时，$\boldsymbol{M}_{S3}$ 的等效磁流总内场表达式为

$$E_z = E_0 \sin\left[\frac{\pi x}{(2W_1)}\right] \tag{4-38}$$

式中，W_1 为辐射贴片的等效宽度。

基于式(4-37)，沿 y 轴方向的等效磁流在 yoz 面产生的 $|E_\theta|$ 与 $|E_\varphi|$ 分量可表示为

$$E_\theta = 0 \tag{4-39}$$

$$E_\varphi = \mathrm{j}k_0 \frac{\mathrm{e}^{-\mathrm{j}kr}}{4\pi r} 2HE_0 \cos\theta \frac{L_1^2 \sin\theta/(\lambda\pi)}{1-(L_1\sin\theta/\lambda)^2} \sin\left(\frac{\pi L_1 \sin\theta}{\lambda}\right) \tag{4-40}$$

基于式(4-38)，沿 x 轴方向的等效磁流在 yoz 面产生的 $|E_\theta|$ 与 $|E_\varphi|$ 分量可表示为

$$E_\theta = \mathrm{j}k_0 \frac{\mathrm{e}^{-\mathrm{j}kr}}{4\pi r}\left\{\mathrm{j}\frac{8HE_0W_1}{\pi}\sin\left[\frac{\pi L_1 \sin\theta}{\lambda}\right]\right\} \tag{4-41}$$

$$E_\varphi = 0 \tag{4-42}$$

由式(4-39)～式(4-42)可知，天线沿 y 轴方向的等效磁流在 yoz 面内主要产生 $|E_\varphi|$ 分量，天线沿 x 轴方向的等效磁流在 yoz 面内主要产生 $|E_\theta|$ 分量，从而保持非法向辐射波束特性。为验证上述理论方法的正确性，图 4.63 画出了传统短路壁微带贴片天线 $\mathrm{TM}_{1/2,2}$ 模在 yoz 面的仿真方向图，由图可知 $|E_\theta|$ 分量为非法向辐射方向图且幅度值较大，绿色 $|E_\varphi|$ 分量为法向辐射方向图且幅度值较小。

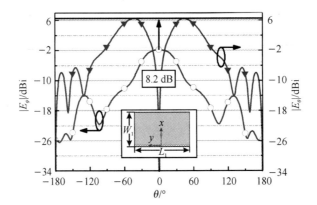

图 4.63　传统短路壁微带贴片天线 $\mathrm{TM}_{1/2,2}$ 模在 yoz 面的仿真电场方向图

第二步，为了降低图 4.63 中天线 H 面交叉极化，将图 4.62 中等效磁流 $\boldsymbol{M}_{S1}$ 与等效磁流 $\boldsymbol{M}_{S2}$（图 4.62 中）的幅度比值设置为 n，此时式(4-37)的内场函数修正为

$$E_z = -E_0 \cos\left[\frac{2\pi y}{nL_1}\right] \tag{4-43}$$

基于式(4-43)，沿 y 轴方向的等效磁流在 yoz 面产生的 $|E_\theta|$ 与 $|E_\varphi|$ 分量可表示为

$$E_\theta = 0 \tag{4-44}$$

$$E_\varphi = \cos\theta \frac{nL_1/\pi}{1-[nL_1\sin\theta/\lambda]^2}\left\{\sin\left(\frac{\pi}{n}\right)\cos\left[\frac{\pi L_1}{\lambda}\sin\theta\right]-\right.$$

$$\left.\left[\frac{nL_1\sin\theta}{\lambda}\right]\cos\left(\frac{\pi}{n}\right)\sin\left[\frac{\pi L_1}{\lambda}\sin\theta\right]\right\} \tag{4-45}$$

由式(4-45)可知，天线法向波束 $|E_\varphi|$ 分量的幅度主要由比值 n 决定。因此，图 4.64

给出了短路壁微带贴片天线 $TM_{1/2,2}$ 模在不同比例 n 下的 yoz 面方向图计算值。由图 4.64 可知：当 $n=1$ 时，天线 $|E_\varphi|$ 分量呈现法向凹陷特性；随着 n 值的增加，天线 $|E_\varphi|$ 分量在法向方向上增强。为了获得尽可能大的 $|E_\varphi|$ 分量，需要获得尽可能大的比值 n。

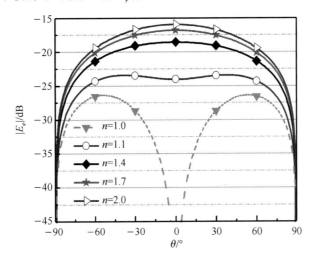

图 4.64 短路壁微带贴片天线 $TM_{1/2,2}$ 模在不同比例 n 下的 yoz 面方向图计算值

第三步，在具体实现过程中，等效磁流比值 n 可以通过开路枝节长度来调控。图 4.65 为基于枝节加载的短路壁微带贴片天线结构示意图，天线主要由开路枝节、辐射贴片、短路销钉、介质基板、馈电探针、地板等组成。

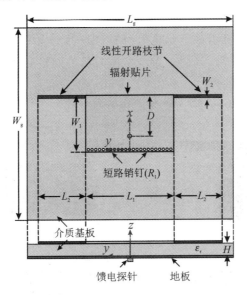

图 4.65 基于枝节加载的短路壁微带贴片天线结构示意图

图 4.66 为短路壁微带贴片天线在不同枝节长度下的方向图变化趋势。由图 4.66 可知：当枝节长度 $L_2=17.4$ mm 时，$|E_\theta|$ 分量的幅度比 $|E_\varphi|$ 分量的幅度强；随着枝节长度 L_2 的增加，法向凹陷 $|E_\theta|$ 分量的幅值逐渐削弱，而法向辐射 $|E_\varphi|$ 分量的幅值逐渐增强；当 $L_2=27.4$ mm 时，天线具备理想的法向辐射特性，且交叉极化电平降低到 -20.1 dB；当继续增

加 L_2 时，天线 H 面交叉极化电平恶化。为了获得天线 H 面低交叉极化特性，需要将开路枝节 L_2 的长度设置在 27.4 mm 左右。

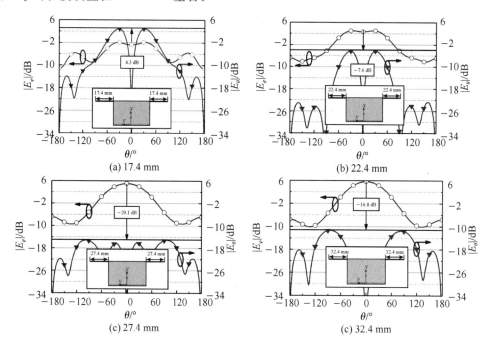

(a) 17.4 mm

(b) 22.4 mm

(c) 27.4 mm

(c) 32.4 mm

图 4.66 短路壁微带贴片天线在不同枝节长度下的方向图变化趋势

进一步，图 4.67 给出了短路壁微带贴片天线在不同枝节长度下的 $TM_{1/2, 2}$ 模内场变化趋势。由图 4.67 可知：随着枝节长度 L_2 的增加，天线 $TM_{1/2, 2}$ 模的内场零点逐渐向边缘移动；当 $L_2 = 27.4$ mm 时，天线 $TM_{1/2, 2}$ 模内场零点移动到辐射贴片角落处，此时天线 H 面交叉极化电平最低；当 L_2 大于 27.4 mm 时，天线 $TM_{1/2, 2}$ 模内场零点移动到辐射贴片角落处之外，此时天线 H 面交叉极化电平恶化。

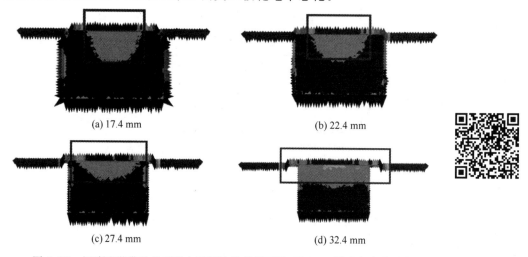

(a) 17.4 mm

(b) 22.4 mm

(c) 27.4 mm

(d) 32.4 mm

图 4.67 短路壁微带贴片天线在不同枝节长度下的 $TM_{1/2, 2}$ 模内场变化趋势

为了减小天线尺寸，可以将开路枝节弯折为如图 4.68 所示的结构。同时，图 4.68 也

给出了短路壁微带贴片天线在加载弯折开路枝节前后的结构与内场变化趋势。由图 4.68 可知：当传统短路壁微带贴片天线工作在 $TM_{1/2,0}$ 模时，其内场最大值分布在辐射贴片上半部分的角落处，从而使天线在 H 面产生高交叉极化特性；当基于弯折枝节加载的短路壁微带贴片天线工作在 $TM_{1/2,2}$ 模时，其辐射贴片上半部分角落处的内场被显著削弱，从而使天线在 H 面产生低交叉极化特性。

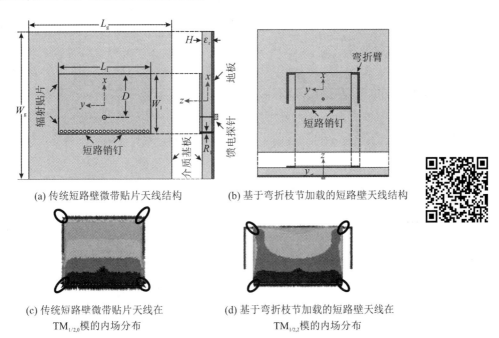

(a) 传统短路壁微带贴片天线结构　　　(b) 基于弯折枝节加载的短路壁天线结构

(c) 传统短路壁微带贴片天线在　　　　(d) 基于弯折枝节加载的短路壁天线在
　　$TM_{1/2,0}$ 模的内场分布　　　　　　　　$TM_{1/2,2}$ 模的内场分布

图 4.68　短路壁微带贴片天线在加载弯折开路枝节前后的结构与内场变化趋势

　　第四步，基于图 4.60 所示的天线结构进行了加工制作与测试，天线结构如图 4.69 所示。该天线的仿真测试 S 参数如图 4.70 所示，其结果证明：基于枝节加载的低交叉极化短路壁微带贴片天线工作在 2.63 GHz 附近。图 4.71 为图 4.68 中两种短路壁微带贴片天线的辐射方向图对比曲线。相较于传统短路壁微带贴片天线，基于弯折枝节加载的短路壁微带贴片天线 H 面交叉极化显著降低至 -16.1 dB，其结果证明了上述方法的有效性。

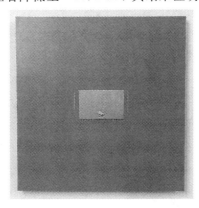

图 4.69　基于枝节加载的低交叉极化短路壁微带贴片天线加工实物图

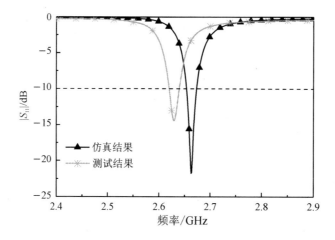

图 4.70 基于枝节加载的低交叉极化短路壁微带贴片天线仿真与测试 S 参数

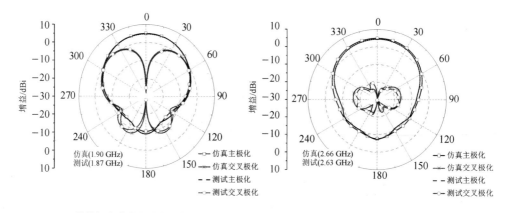

(a) 传统短路壁微带贴片天线   (b) 基于弯折枝节加载的短路壁天线

图 4.71 图 4.68 中两种短路壁微带贴片天线的辐射方向图对比曲线

综上所述，采用折叠枝节加载技术将 $TM_{1/2,2}$ 模的内场零点移动到辐射贴片边缘的角落处，从而降低了天线 H 面交叉极化。最终，所设计的多模谐振天线具备低剖面、小型化、高效率、低交叉极化等特性。

4.7 多模谐振天线的圆极化实现方法

在现代通信系统中，圆极化天线比线极化天线应用更为广泛。因此，本节重点介绍多模谐振天线的圆极化实现方法，主要包括：（1）多模谐振天线的单轴比圆极化实现方法。（2）多模谐振天线的宽带圆极化实现方法。（3）多模谐振天线的双圆极化极小频率比实现方法。（4）多模谐振天线的多极化与谐波抑制实现方法。

4.7.1 多模谐振天线的单轴比实现方法

众所周知，传统微带贴片天线通常利用 TM_{10} 模与 TM_{01} 模实现圆极化特性，但此方法约束了其他模式的复用。因此，本节讨论基于新型正交模式的小型化圆极化微带贴片天线设计方法[8]，该方法融合了天线的 $TM_{0,1/2}$ 模与 $TM_{1,1/2}$ 模。

图 4.72 为基于短路销钉加载技术的小型化圆极化微带贴片天线结构示意图，天线主要由辐射贴片、短路销钉、介质基板、馈电探针、地板等结构组成，天线具体参数如下： $L_g=50$ mm、 $L=25$ mm、 $L_1=16.5$ mm、 $L_2=8.25$ mm、 $W_g=70$ mm、 $W=50$ mm、 $W_1=1.2$ mm、 $D_1=16.53$ mm、 $D_2=8.74$ mm、 $D_3=4.9$ mm、 $R_1=0.4$ mm、 $R_2=2.4$ mm、 $S_1=1$ mm、 $S_2=2.9$ mm，介质基板的相对介电常数为 2.1、厚度为 3 mm。所设计天线具备低剖面、小型化、圆极化辐射方向图、高效率等特性。详细设计步骤如下：

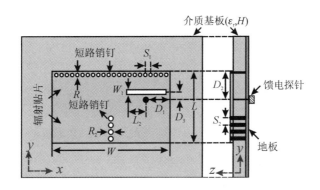

图 4.72 基于短路销钉加载技术的小型化圆极化微带贴片天线结构示意图

第一步，天线产生圆极化波需满足三要素：(1) 一对正交模式。(2) 正交模产生的 $|E_\theta|$ 与 $|E_\varphi|$ 分量幅度相等。(3) 正交模产生的 $|E_\theta|$ 与 $|E_\varphi|$ 分量相位相差 90°。因此，下面需讨论 $TM_{0,1/2}$ 模和 $TM_{1,1/2}$ 模的正交性、幅度、相位分布特性。

基于腔模理论，传统短路壁微带贴片天线在 $TM_{0,1/2}$ 模下的 E 面辐射场可表示为

$$
\begin{cases}
E_\theta=1 \\
E_\varphi=0
\end{cases} \tag{4-46}
$$

同时，传统短路壁微带贴片天线在 $TM_{1,1/2}$ 模下的 H 面辐射场可表示为

$$
\begin{cases}
E_\theta=0 \\
E_\varphi=\dfrac{2L+\mathrm{j}(8L^2\sin\theta/\lambda)\mathrm{e}^{\mathrm{j}2\pi L\sin\theta/\lambda}}{\pi\left[1-(4L\sin\theta/\lambda)^2\right]}\cos\theta
\end{cases} \tag{4-47}
$$

第二步，由式(4-46)与式(4-47)可知，天线在 $TM_{0,1/2}$ 模产生的 $|E_\theta|$ 分量与在 $TM_{1,1/2}$ 模下产生的 $|E_\varphi|$ 分量相互正交，从而证明 $TM_{0,1/2}$ 模和 $TM_{1,1/2}$ 模为一对正交模式。为了验证上述理论求解的正确性，图 4.73 给出了传统短路壁微带贴片天线在无限大地板下的双模仿真与计算方向图。由该图可知，天线仿真方向图与理论计算方向图非常吻合。

第三步，需要将天线 $TM_{0,1/2}$ 模和 $TM_{1,1/2}$ 模的谐振频率拉近，即可满足 $|E_\theta|$ 与 $|E_\varphi|$ 分量的幅度相等与相位相差 90°要素，从而实现天线的圆极化辐射特性，关于谐振频率拉近的过程在第三章已做阐述，在此不再重复。

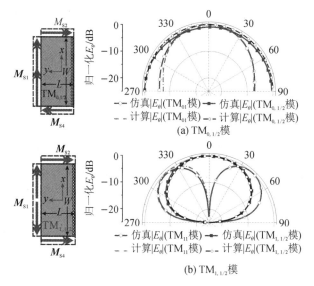

(a) TM$_{0,1/2}$模

(b) TM$_{1,1/2}$模

图 4.73　传统短路壁微带贴片天线在无限大地板下的双模仿真与计算方向图

第四步，依据图 4.72 所示的天线结构进行加工制作，相关实物如图 4.74 所示。该天线的仿真测试 S 参数、轴比及增益如图 4.75 所示，其结果证明：圆极化微带贴片天线在工作频段 2.720～2.752 GHz 内均具备良好匹配特性与轴比特性，且天线增益保持在 4 dBic 左右。图 4.76 为基于短路销钉加载技术的小型化圆极化微带贴片天线归一化方向图，其结果证明：所设计微带贴片天线在工作频段内具备圆极化辐射特性。

图 4.74　基于短路销钉加载技术的小型化圆极化微带贴片天线加工实物图

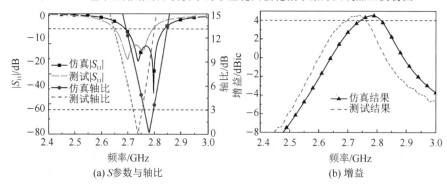

(a) S 参数与轴比　　　　　　　(b) 增益

图 4.75　基于短路销钉加载技术的小型化圆极化微带贴片天线仿真与测试结果

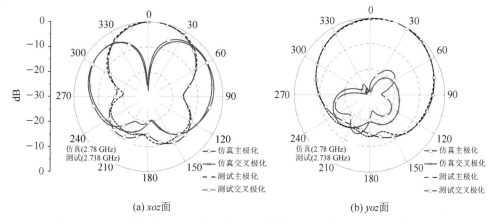

(a) xoz面　　　　　　　　　　　(b) yoz面

图 4.76　基于短路销钉加载技术的小型化微带贴片天线的圆极化辐射方向图

综上所述，采用腔模理论证明了短路壁微带贴片天线的 $TM_{0,1/2}$ 模和 $TM_{1,1/2}$ 模的正交性；采用短路销钉加载技术将双模谐振频率拉近，使天线形成圆极化辐射特性；采用缝隙加载技术改善了天线在频带内的阻抗匹配特性。最终，所设计的多模谐振天线具有低剖面、小型化、圆极化、高效率等特点。

4.7.2　多模谐振天线的双轴比实现方法

虽然上述工作采用一对崭新正交模实现了圆极化波特性，但是此天线存在窄带缺陷。因此，本节讨论单馈圆极化微带贴片天线的轴比带宽展宽方法[9]，该天线融合了天线的 $TM_{1/2,0}$ 模、$TM_{1/2,1}$ 模及 $TM_{3/2,0}$ 模。

图 4.77 为基于短路销钉加载的宽带圆极化天线结构示意图，天线主要由辐射贴片、短路销钉、馈电探针、介质基板、地板等结构组成，天线具体参数如下：$L=200$ mm、$L_1=52$ mm、$W=120$ mm、$W_1=50.3$ mm、$H=3$ mm、$D_1=26$ mm、$D_2=43$ mm、$D_3=29$ mm、$D_4=16.6$ mm、$R_1=0.4$ mm、$R_2=5.6$ mm、$R_3=2.2$ mm、$R_4=6.1$ mm、$R_5=5.5$ mm、$S_1=0.87$ mm、$S_2=7.2$ mm、$S_3=6.7$ mm，介质基板的相对介电常数为 2.1、厚度为 3 mm。所设计天线具备低剖面、双轴比宽带、圆极化、高效率等特性。

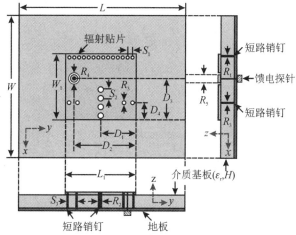

图 4.77　基于短路销钉加载的宽带圆极化天线结构示意图

详细设计过程如下：

第一步，需要寻找三个具备正交特性的辐射模式。在分析过程中发现短路壁微带贴片天线的 $TM_{1/2,0}$ 模、$TM_{1/2,1}$ 模和 $TM_{3/2,0}$ 模在法向方向上具备正交特性。图 4.78 为传统短路壁微带贴片天线在上述三种模式下的内场与等效磁流分布。由图 4.78 可知：当天线谐振在 $TM_{1/2,0}$ 模时，沿贴片下边缘的红色等效磁流 M_{S2} 产生法向辐射的波束，而沿贴片左右边缘的蓝色等效磁流 M_{S1} 不产生法向辐射波束，所以仅需要考虑红色等效磁流 M_{S2} 的辐射场，如图 4.78(a)所示；当天线谐振在 $TM_{1/2,1}$ 模时，沿贴片左边缘的蓝色等效磁流 M_{S1} 产生法向辐射波束，而沿贴片下边缘的红色等效磁流 M_{S2} 不产生法向辐射波束，所以仅需要考虑蓝色等效磁流 M_{S1} 的辐射场，如图 4.78(b)所示；当天线谐振在 $TM_{3/2,0}$ 模时，沿贴片下边缘的红色等效磁流 M_{S2} 产生法向辐射的波束，而沿贴片左右边缘的蓝色等效磁流 M_{S1} 不产生法向辐射波束，此时仅需要考虑红色等效磁流 M_{S2} 的辐射场，如图 4.78(c)所示。

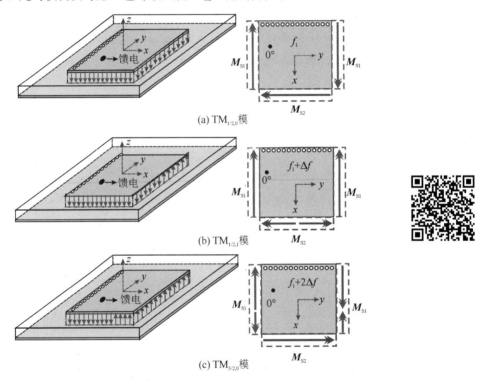

(a) $TM_{1/2,0}$ 模

(b) $TM_{1/2,1}$ 模

(c) $TM_{3/2,0}$ 模

图 4.78   传统短路壁微带贴片天线在不同模式下的内场与等效磁流分布

结合图 4.78(a)中等效磁流，传统微带贴片天线在 $TM_{1/2,0}$ 模下的 xoz 面归一化辐射场可表示为

$$\begin{cases} E_\theta = 1 \\ E_\varphi = 0 \end{cases} \tag{4-48}$$

结合图 4.78(b)中等效磁流，传统微带贴片天线在 $TM_{1/2,1}$ 模下的 xoz 面归一化辐射场可表示为

$$\begin{cases} E_\theta = 0 \\ E_\varphi = \dfrac{2W_1 + j(8W_1^2 \sin\theta/\lambda)e^{j2\pi W_1 \sin\theta/\lambda}}{\pi[1 - (4W_1 \sin\theta/\lambda)^2]}\cos\theta \end{cases} \tag{4-49}$$

结合图 4.78(c)中等效磁流，传统微带贴片天线在 $TM_{3/2,0}$ 模下的 xoz 面归一化辐射场可表示为

$$\begin{cases} E_\theta = -1 \\ E_\varphi = 0 \end{cases} \qquad (4-50)$$

由式(4-48)~式(4-50)可知，传统短路壁微带贴片天线在 $TM_{1/2,0}$ 模下产生 $|E_\theta|$ 分量、在 $TM_{1/2,1}$ 模下产生 $|E_\varphi|$ 分量、$TM_{3/2,0}$ 模下产生 $|E_\theta|$ 分量，从而证明了三辐射模式具备正交特性。

第二步，分析 $TM_{1/2,0}$ 模、$TM_{1/2,1}$ 模、$TM_{3/2,0}$ 模等效磁流的旋转特性。由第 4.7.1 节可知：拉近天线 $TM_{1/2,0}$ 模和 $TM_{1/2,1}$ 模的谐振频率可实现圆极化特性；拉近天线 $TM_{1/2,1}$ 模和 $TM_{3/2,0}$ 模的谐振频率也可实现圆极化特性；如果将两个轴比零点拉近，即可实现圆极化轴比带宽的有效拓展。然而，天线 $TM_{1/2,0}$ 模、$TM_{1/2,1}$ 模、$TM_{3/2,0}$ 模式的等效磁流相位排列组合有多种，不同的模式排布顺序会产生不同旋向的圆极化特性(即左旋圆极化和右旋圆极化)。

为了实现双轴比宽带特性，我们需要考虑双轴比是否为同一个极化。图 4.79 为不同馈电点情况下传统短路壁微带贴片天线在三种模式下的等效磁流旋转方向。当馈电放在贴近短路壁边缘时，$TM_{1/2,0}$ 模和 $TM_{3/2,0}$ 模的红色等效磁流 $\boldsymbol{M}_{S2}$ 呈现反向分布，此时依次旋转既可产生两组旋向相同的圆极化波，从而实现天线的双轴比宽带圆极化特性，如图 4.77(a)所示；当馈电放在远离短路壁边缘时，$TM_{1/2,0}$ 模和 $TM_{3/2,0}$ 模的红色等效磁流 $\boldsymbol{M}_{S2}$ 呈现同向分布，此时非同相旋转会产生两组不同旋向的圆极化波，从而不能实现天线的双轴比宽带圆极化特性，如图 4.79(b)所示。为了使天线获得宽带圆极化特性，需要将馈电放置在靠近短路壁处。

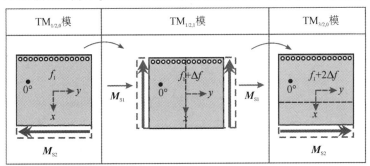

(a) 同一旋向

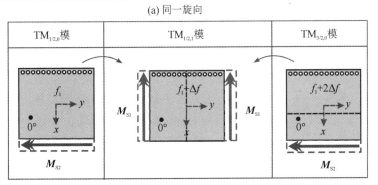

(b) 不同旋向

图 4.79　不同馈电点情况下传统短路壁微带贴片天线在三种模式下的
　　　　等效磁流旋转方向

第三步，需要将天线 $TM_{1/2,0}$ 模、$TM_{1/2,1}$ 模及 $TM_{3/2,0}$ 模的谐振频率拉近，即可满足 $|E_\theta|$ 与 $|E_\varphi|$ 分量幅度相等与相位相差 $90°$ 的要素，从而实现天线的圆极化辐射特性，关于谐振频率拉近的过程在第三章已作阐述，在此不再重复。此外，采用缝隙加载技术可以改善天线在宽频带内的阻抗匹配特性。

第四步，依据图 4.77 所示的天线结构进行加工制作，相关实物如图 4.80 所示。该天线的仿真测试 S 参数、轴比及增益如图 4.81 所示。由图 4.81(a) 可知，所设计短路壁微带贴片天线在 $TM_{1/2,0}$ 模、$TM_{1/2,1}$ 模和 $TM_{3/2,0}$ 模共同辐射下实现了双轴比宽带特性（工作频段 3.25～3.41 GHz），且天线剖面仅为 $0.027\lambda_0$，该性能是传统单馈单层圆极化微带贴片天线轴比带宽的三倍。由图 4.81(b) 可知，天线在工作频段内的增益保持在 4.5 dBic 左右。图 4.82 为基于短路销钉加载的宽带圆极化天线在不同频点的 xoz 面归一化方向图，其结果证明：天线在频段内具备稳定的圆极化辐射特性。

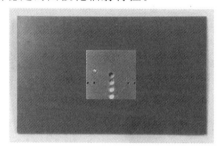

图 4.80　基于短路销钉加载的宽带圆极化天线加工实物图

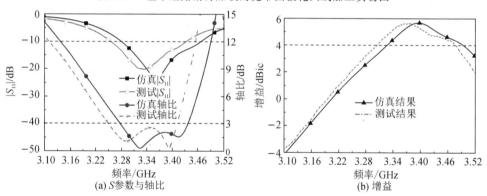

(a) S 参数与轴比　　　　　　　　(b) 增益

图 4.81　基于短路销钉加载的宽带圆极化天线仿真与测试结果

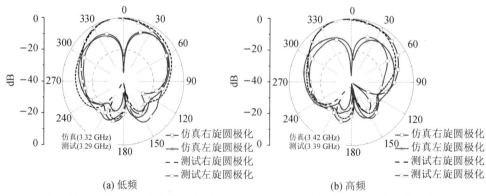

(a) 低频　　　　　　　　　　(b) 高频

图 4.82　基于短路销钉加载的宽带圆极化天线在不同频点的 xoz 面归一化方向图

综上所述，采用腔模理论证明了短路壁微带贴片天线的 $TM_{1/2,0}$ 模、$TM_{1/2,1}$ 模和 $TM_{3/2,0}$ 模的正交性；通过分析三模式的等效磁流分布，发现了将馈电位置放置在贴近短路销钉位置可实现等效磁流的同向旋转特性；采用短路销钉和缝隙加载技术，实现了三模式谐振频率的拉近与轴比带宽展宽。最终，所设计的多模谐振天线具有低剖面、宽轴比、稳定增益、高效率、圆极化等特点。

4.7.3　多模谐振天线的双圆极化极小频率比实现方法

第 4.7.2 节中证明了天线三个正交模式等效磁流的同向旋转会拓展轴比带宽，但是天线三个正交模式等效磁流的非同向旋转会产生何种性能，这部分的设计方法在本节讨论[10]，该方法融合了微带贴片天线的 TM_{10} 模、TM_{01} 模及 TM_{20} 模。

天线结构如图 4.83 所示，天线主要由辐射贴片、短路销钉、开路枝节、介质基板、馈电探针、地板等结构组成，天线具体参数如下：$L_g = 110$ mm、$L_1 = 50$ mm、$L_2 = 8.1$ mm、$L_3 = 21.7$ mm、$D_1 = 16.25$ mm、$D_2 = 13$ mm、$W_1 = 43.1$ mm、$W_2 = 1.1$ mm、$S_1 = 2.5$ mm、$S_2 = 1.5$ mm、$R = 0.9$ mm，介质基板的相对介电常数为 2.1、厚度为 3 mm。所设计天线具备低剖面、小尺寸、左旋圆极化、右旋圆极化、极小频率比、高效率等特性。

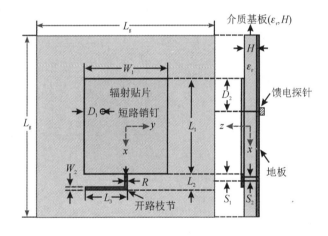

图 4.83　基于三模谐振的极小频率比双圆极化微带贴片天线结构示意图

详细设计过程如下：

第一步，分析微带贴片天线在 TM_{10} 模、TM_{01} 模、TM_{20} 模下的等效磁流分布。图 4.84 为传统微带贴片天线在不同模式下的内场和等效磁流分布图。当天线谐振在 TM_{10} 模时，贴片左右边缘的红色等效磁流 $\boldsymbol{M}_{S1}$ 产生主辐射场，如图 4.84(a) 所示；当天线谐振在 TM_{01} 模时，沿贴片上下边缘的红色等效磁流 $\boldsymbol{M}_{S1}$ 产生主辐射场，如图 4.84(b) 所示；当天线谐振在 TM_{20} 模时，贴片左右边缘的红色等效磁流 $\boldsymbol{M}_{S1}$ 产生主辐射场，如图 4.84(c) 所示。值得说明的是，天线 TM_{20} 模的红色等效磁流 $\boldsymbol{M}_{S1}$ 呈现反向分布，而天线 TM_{10} 模与 TM_{01} 模的红色等效磁流呈现同向分布。

结合图 4.84(a)中等效磁流，传统微带贴片天线在 TM_{10} 模下的 xoz 面归一化辐射场可表示为

$$\begin{cases} E_\theta = \cos(0.5k_0 L_e \sin\theta) \\ E_\varphi = 0 \end{cases} \tag{4-51}$$

式中，L_e 为考虑贴片边缘效应后的电长度。

结合图 4.84(b)中等效磁流，传统微带贴片天线在 TM_{01} 模下的 xoz 面归一化辐射场可表示为

$$\begin{cases} E_\theta = 0 \\ E_\varphi = \cos(0.5k_0 L_e \sin\theta) \end{cases} \tag{4-52}$$

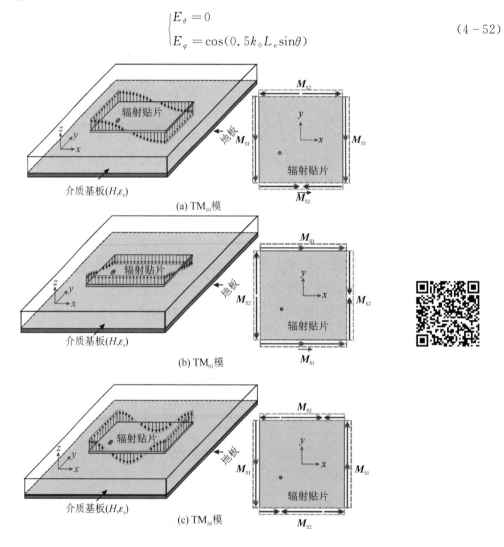

图 4.84　传统微带贴片天线在不同模式下的内场和等效磁流分布图

结合图 4.84(c)中等效磁流，传统微带贴片天线在 TM_{20} 模下的 xoz 面归一化辐射场可表示为

$$\begin{cases} E_\theta = \sin(0.5k_0 L_e \sin\theta) \\ E_\varphi = 0 \end{cases} \tag{4-53}$$

　　由式(4-51)～式(4-53)可知，传统微带贴片天线在 TM_{10} 模下产生 $|E_\theta|$ 分量、在 TM_{01} 模下产生 $|E_\varphi|$ 分量、在 TM_{20} 模下产生 $|E_\theta|$ 分量，从而证明了三模式具备正交性。图 4.85 画出了传统微带贴片天线在不同模式下的 xoz 面方向图计算值，其中天线 TM_{10} 模与 TM_{01} 模的辐射方向图呈现法向波束，天线 TM_{20} 模的辐射方向图呈现法向凹陷。因此，此模式无法适用于双圆极化天线的设计，需要将其方向图重塑为法向辐射波束。

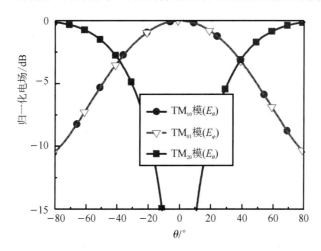

图 4.85　传统微带贴片天线在不同模式下的 xoz 面方向图计算值

　　第二步，为了重塑天线 TM_{20} 模的辐射方向图，在辐射贴片右边缘引入紫色等效磁流 $\boldsymbol{M}_{\text{S3}}$，其方向与同边的红色等效磁流 $\boldsymbol{M}_{\text{S1}}$ 方向相反，如图 4.86(a)所示。同时，设置右侧等效磁流 $\boldsymbol{M}_{\text{S1}}$ 与左侧等效磁流 $\boldsymbol{M}_{\text{S1}}$ 的幅度比值为 n。在此条件下，微带贴片天线在 TM_{20} 模下的修改辐射场为

$$\begin{cases} E_\theta = \cos\left(\dfrac{k_0 L_e \sin\theta}{2}\right) - n\, \mathrm{e}^{\mathrm{j}\frac{k_0 L_e \sin\theta}{2}} \\ E_\varphi = 0 \end{cases} \tag{4-54}$$

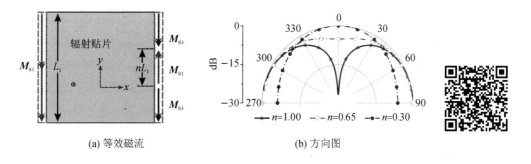

(a) 等效磁流　　　　　　　(b) 方向图

图 4.86　微带贴片天线在改进 TM_{20} 模下的等效磁流与方向图

　　结合式(4-54)，图 4.86(b)绘制了微带贴片天线在改进 TM_{20} 模下的 xoz 面辐射方向图随比值 n 的变化趋势。当 $n=1$ 时，图 4.86(a)中右侧等效磁流 $\boldsymbol{M}_{\text{S1}}$ 与左侧等效磁流 $\boldsymbol{M}_{\text{S1}}$ 的幅度相等、相位相反，此时为传统 TM_{20} 模的法向凹陷辐射方向图；当 n 逐渐减小时，右

侧等效磁流 $\boldsymbol{M}_{\mathrm{S1}}$ 逐渐减小，从而导致天线 TM_{20} 模的辐射方向图在法向方向上逐渐增强；当 $n=0.3$ 时，天线 TM_{20} 模的方向图被重塑为法向辐射波束。

第三步，在具体实现过程中，等效磁流比值 n 可以通过调控开路枝节长度来实现，天线结构如图 4.87(a) 所示。图 4.87(b) 为不同开路枝节长度 L_2 下的方向图变化趋势。由图 4.87 可知，随着长度 L_2 的增加，天线 TM_{20} 模的辐射场在法向方向上逐渐增强。当 L_2 达到 27.6 mm 时，天线 TM_{20} 模被重塑为法向辐射波束。

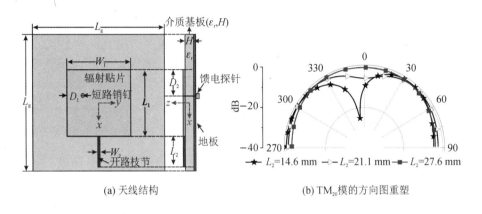

(a) 天线结构 (b) TM_{20} 模的方向图重塑

图 4.87　基于枝节加载的微带贴片天线结构及其 TM_{20} 模的方向图重塑过程

图 4.88 为微带贴片天线在不同加载枝节长度 L_2 下 TM_{20} 模的内场变化趋势。由图 4.88 可知：随着 L_2 值的增加，天线 TM_{20} 模的左端电场零点逐渐往辐射贴片边缘移动；当 L_2 达到 27.6 mm 时，天线 TM_{20} 模的左端电场零点移动到开路枝节与辐射贴片的交会处，从而实现了等效磁流比值 n 的有效降低、方向图法向辐射场的有效增强。

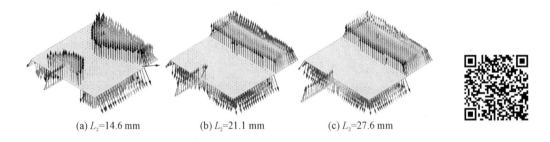

(a) L_2=14.6 mm　　(b) L_2=21.1 mm　　(c) L_2=27.6 mm

图 4.88　微带贴片天线在不同加载枝节长度 L_2 下 TM_{20} 模的内场变化趋势

第四步，需要将上述三个模式的谐振频率（f_{10}、f_{01} 与 f_{20}）依次靠近，即可满足 $|E_\theta|$ 与 $|E_\varphi|$ 分量幅度相等与相位相差 90° 的要素，从而实现天线的圆极化辐射特性，关于谐振频率拉近的过程在第三章已阐述，不再重复。此外，弯折线性枝节的目的是实现天线的小型化。进一步，图 4.89 给出了基于三模谐振的极小频率比双圆极化微带贴片天线在三种模式下的等效磁流分布。由图 4.89 可知：天线 TM_{10} 模与 TM_{20} 模的等效磁流呈现相同相位分布；天线从 TM_{01} 模的等效磁流到 TM_{10} 模的等效磁流为顺时针旋转；天线从 TM_{20} 模的等效磁流到 TM_{01} 模的等效磁流为逆时针旋转。因此，通过上述方法实现了天线的双圆极化极小频率比辐射特性。

第五步，依据图 4.83 所示的天线结构进行加工制作，相关实物如图 4.90 所示。该天线的仿真测试 S 参数、增益及轴比如图 4.91 所示。由图 4.91(a) 可知，所设计微带贴片天线具备双频段特性(2.13~2.15 GHz、2.17~2.24 GHz)，且天线维持在 $0.029\lambda_0$ 的低剖面条件下。由图 4.91(b) 可知，所设计天线在低频 2.134 GHz 附近形成了左旋圆极化、在高频 2.223 GHz 附近形成了右旋圆极化，导致二者频率比仅为 1.04，而传统双圆极化天线通常采用四模谐振，且双圆极化频率比仅能降低到 1.1 左右。由图 4.91(c) 可知，所设计天线在工作频段内的增益维持在 7.5 dBic 左右。图 4.92 为基于三模谐振的极小频率比双圆极化微带贴片天线在不同频点的 xoz 面归一化方向图，由图可知天线具备稳定的定向辐射特性与低交叉极化特性。

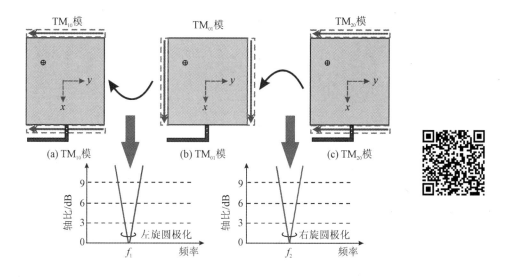

图 4.89 基于三模谐振的极小频率比双圆极化微带贴片天线在三种模式下的等效磁流分布

图 4.90 基于三模谐振的极小频率比双圆极化微带贴片天线加工实物图

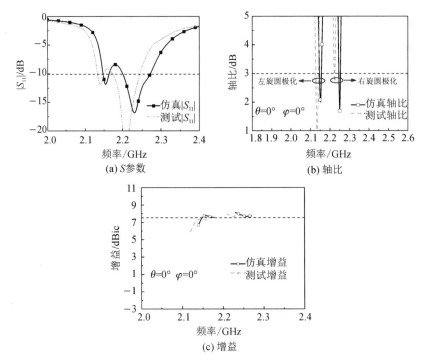

(a) S参数   (b) 轴比

(c) 增益

图 4.91   基于三模谐振的极小频率比双圆极化微带贴片天线仿真与测试结果

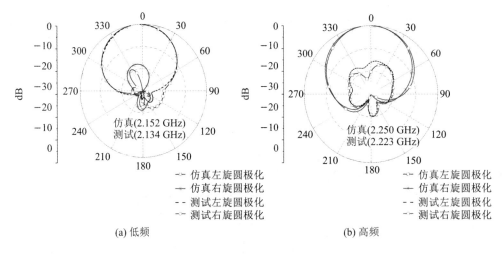

(a) 低频   (b) 高频

图 4.92   基于三模谐振的极小频率比双圆极化微带贴片天线在不同频点的 xoz 面归一化方向图

综上所述,采用腔模理论证明了传统微带贴片天线的 TM_{10} 模、TM_{01} 模和 TM_{20} 模的正交性;采用枝节加载技术将法向凹陷 TM_{20} 模的方向图重塑为法向辐射,重塑后 TM_{20} 模的红色等效磁流与 TM_{10} 模的红色等效磁流方向一致;采用短路销钉和辐射贴片压缩技术实现了三模式谐振频率的拉近和双圆极化辐射特性。最终,所设计的多模谐振天线具有低剖面、左旋圆极化、右旋圆极化、极小频率比、高效率等特点。

4.7.4   多模谐振天线的多极化与谐波抑制实现方法

随着无线通信技术的高速发展,单一功能天线无法满足日趋复杂系统的高速率与高容量通信需求。因此，多极化天线的设计概念应运而生。同时，天线高次模谐波抑制可以避免通信系统发射或接收不必要电磁波，减小系统能量损耗，削弱电磁环境污染。由此可见，设计具备多极化与谐波抑制特性的天线具有重要研究价值。在此背景下，本节讨论基于销钉与缝隙加载的三极化谐波抑制天线设计方法[11]。

图 4.93 为具备谐波抑制特性的三极化微带贴片天线结构示意图，天线主要由辐射贴片、短路销钉、介质基板、端口 1、端口 2、端口 3、地板等结构组成，天线具体参数如下：$L=55$ mm、$L_1=41.8$ mm、$L_2=32.65$ mm、$L_3=16.5$ mm、$L_4=25$ mm、$W=130$ mm、$W_1=50$ mm、$W_2=3.2$ mm、$W_3=2.5$ mm、$S_1=24.5$ mm、$S_2=22$ mm、$S_3=14.2$ mm、$R_1=0.4$ mm、$D_1=23.4$ mm、$H=4$ m，介质基板的相对介电常数为 2.65、厚度为 4 mm。该天线具备低剖面、小尺寸、三极化、高隔离、高效率、谐波抑制等特性。

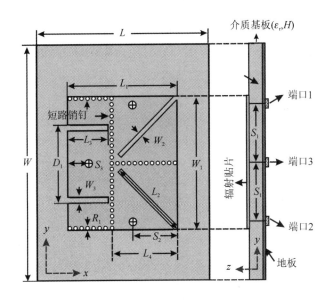

图 4.93　具备谐波抑制特性的三极化微带贴片天线结构示意图

第一步，开展多边短路圆极化微带贴片天线的模式理论分析与讨论。图 4.94 为传统微带贴片天线的结构示意图。图 4.95 为天线对应的模式内场分布特性。由图 4.94 可知，天线的工作模式从 TM_{10} 模（1.71 GHz）延伸至 TM_{40} 模（6.83 GHz），且在不同模式下的内场幅度分布差异较大。

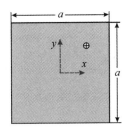

图 4.94　传统微带贴片天线的结构示意图

第二步，为了减小天线尺寸，需要在辐射贴片中心沿 x 轴方向和 y 轴方向上加载短路销钉。图 4.96 为基于短路销钉加载的微带贴片天线 1 结构示意图，其有效抑制了图 4.95 中天线 TM_{10} 模、TM_{01} 模、TM_{20} 模、TM_{02} 模、TM_{21} 模、TM_{12} 模、TM_{22} 模、TM_{30} 模、TM_{03} 模、TM_{32} 模、TM_{23} 模、TM_{40} 模。而图 4.95 中天线 TM_{11} 模、TM_{31} 模、TM_{13} 模不受影响，相关结果如图 4.97 所示，其中模式 1、模式 2、模式 3 的内场区域仅为图 4.95 中 TM_{11} 模、TM_{31} 模、TM_{13} 模内场区域的四分之一，且模式 1 与模式 3 在法向方向上分别产生正交场分量。

TM_{10}模(1.71 GHz)	TM_{01}模(1.71 GHz)	TM_{11}模(2.41 GHz)	TM_{20}模(3.41 GHz)
TM_{02}模(3.41 GHz)	TM_{21}模(3.82 GHz)	TM_{12}模(3.82 GHz)	TM_{22}模(4.82 GHz)
TM_{30}模(5.12 GHz)	TM_{03}模(5.12 GHz)	TM_{31}模(5.4 GHz)	TM_{13}模(5.4 GHz)
TM_{32}模(6.15 GHz)	TM_{23}模(6.15 GHz)	TM_{40}模(6.83 GHz)	TM_{04}模(6.82 GHz)

图 4.95　传统微带贴片天线在不同模式下的内场分布特性

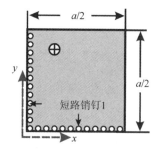

图 4.96　基于短路销钉加载的微带贴片天线 1 结构示意图

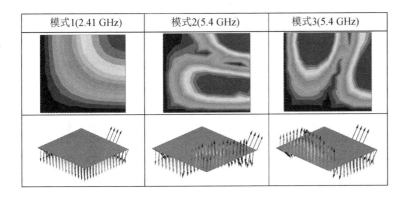

图 4.97　基于短路销钉加载的微带贴片天线模式 1、2、3 内场分布特性

　　图 4.98 给出了传统微带贴片天线与微带贴片天线 1 的 S 参数对比。传统微带贴片天线在 1.5～7.1 GHz 频带范围内存在大量谐振模式，从而难以实现带外谐波抑制特性，如图 4.98(a)所示；微带贴片天线 1 在 1.5～7.1 GHz 频带范围内仅存在三个谐振模式，其中模式 2 与模式 3 处在同一谐振频点处，但模式 1 与模式 3 间的谐振频点差距较大，如图 4.98(b)所示。

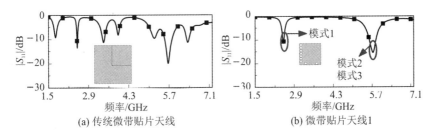

(a) 传统微带贴片天线　　　　　　　(b) 微带贴片天线1

图 4.98　传统微带贴片天线与微带贴片天线 1 的 S 参数对比

　　第三步，为解决模式 1 与模式 3 间的大频率比问题，需在微带贴片天线 1 中加载缝隙，天线结果如图 4.99(b)所示。图 4.100 对比了微带贴片天线 1 在加载缝隙前后的 S 参数。当天线加载缝隙前，其模式 1 与模式 3 间的频率比保持在较大值 2.3 左右，如图 4.100(a)所示；当天线加载缝隙后，天线模式 1 与模式 3 间的频率比显著降低，且模式 2 的谐振频率移动较小，这是因为缝隙加载在天线模式 3 的内场零点处；此外，采用缝隙加载技术可以使天线高频阻抗失配，从而导致天线在宽频带内具备带外谐波抑制特性，如图 4.100(b)所示。

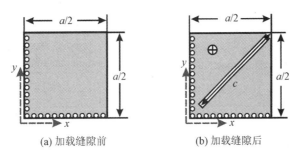

(a) 加载缝隙前　　　　　　　(b) 加载缝隙后

图 4.99　微带贴片天线 1 在加载缝隙前后的结构示意图

图 4.101 为微带贴片天线 1 在加载缝隙后的远场分量，由该图可知天线在 2.52 GHz 附近具备良好的圆极化波特性。

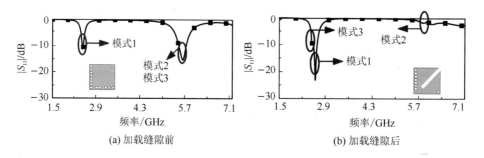

(a) 加载缝隙前　　　　　　　　　　　　(b) 加载缝隙后

图 4.100　微带贴片天线 1 在加载缝隙前后的 S 参数对比

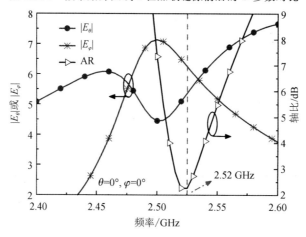

图 4.101　基于短路销钉和缝隙加载的微带贴片天线 1 在 $\varphi = 0°$ 面的辐射特性

第四步，开展线极化微带贴片天线的模式分析与讨论。图 4.102 为传统微带贴片天线与微带贴片天线 2 的结构示意图。图 4.103 为传统微带贴片天线与微带贴片天线 2 在不同模式下对应的内场分布对比图。由该图可知：当传统微带贴片天线工作在 TM_{10} 模时，其内场分布如图 4.103(a) 所示，该模式在微带贴片天线 2(图 4.102(b)) 中演变为 $TM_{1/2,0}$ 模，其内场分布如图 4.103(c) 所示；当传统微带贴片天线工作在 TM_{12} 模时，其内场分布如图 4.103(b) 所示，该模式在微带贴片天线 2 中演变为 $TM_{1/2,2}$ 模，其内场分布如图 4.103(d) 所示。

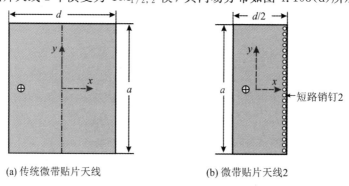

(a) 传统微带贴片天线　　　　　　　　(b) 微带贴片天线2

图 4.102　传统微带贴片天线与微带贴片天线 2 的结构示意图

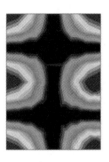

(a) 传统微带贴片天线的TM_{10}模(2.45GHz)　　(b) 传统微带贴片天线的TM_{12}模(4.2 GHz)

(c) 微带贴片天线2的$TM_{1/2,0}$模(2.45 GHz)　　(d) 微带贴片天线2的$TM_{1/2,2}$模(4.2 GHz)

图 4.103　传统微带贴片天线与微带贴片天线 2 在不同模式下的内场分布对比图

图 4.104 给出了传统微带贴片天线与微带贴片天线 2 的 S 参数变化趋势。传统微带贴片天线在 1.5～7.1 GHz 范围内存在大量谐振模式，从而难以实现带外谐波抑制特性，如图 4.104(a)所示；微带贴片天线 2 在 1.5～7.1 GHz 范围内仅存在模式 1 与模式 2，如图 4.104(b)所示。

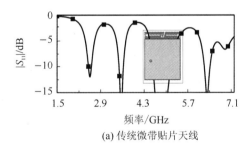
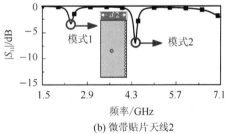

(a) 传统微带贴片天线　　　　　　　　　(b) 微带贴片天线2

图 4.104　传统微带贴片天线与微带贴片天线 2 的 S 参数变化趋势

第五步，为了实现线极化谐波抑制特性，需要抑制图 4.104(b)中高频模式 2 的谐振特性。因此，在辐射贴片上引入缝隙和短路销钉 3，天线结构如图 4.105(a)所示。图 4.105(b)为微带贴片天线 2 在加载缝隙和短路销钉 3 后的 S 参数特性。由图 4.105(b)可知，天线在 1.5～7.1 GHz 范围内仅有模式 1 在谐振，从而具备谐波抑制特性。此外，由于图 4.99 中圆极化微带贴片天线与图 4.105 中线极化微带贴片天线均有边缘短路壁结构，所以仅需要将上述天线共用短路壁即可保持多端口间的高隔离度特性。

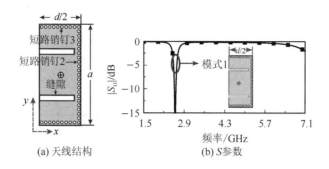

(a) 天线结构　　　　　　　(b) S参数

图 4.105　微带贴片天线 2 在加载短路销钉 3 和缝隙后的结构与 S 参数

　　第六步，依据图 4.93 所示的天线结构进行加工制作，相关实物如图 4.106 所示。由图 4.106 可知，相较于传统多极化微带贴片天线，所设计多极化微带贴片天线的尺寸被显著缩减。图 4.107 为两种天线的仿真与测试 S 参数对比。由图 4.107 可知，传统微带贴片天线在高频处存在大量谐振特性，而所设计三极化微带贴片天线仅在 2.65 GHz 附近具备良好匹配特性，很好地实现了带外谐波抑制特性。

(a) 传统多极化微带贴片天线　　　　　(b) 所设计多极化微带贴片天线

图 4.106　传统多极化微带贴片天线与所设计多极化微带贴片天线的加工实物图

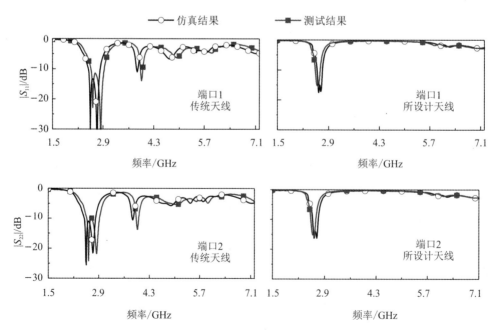

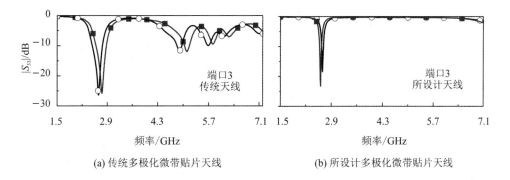

(a) 传统多极化微带贴片天线　　　　　　　　(b) 所设计多极化微带贴片天线

图 4.107　传统多极化微带贴片天线与所设计多极化微带贴片天线的 S 参数对比

图 4.108 给出了传统多极化微带贴片天线与所设计多极化微带贴片天线的传输系数对比。

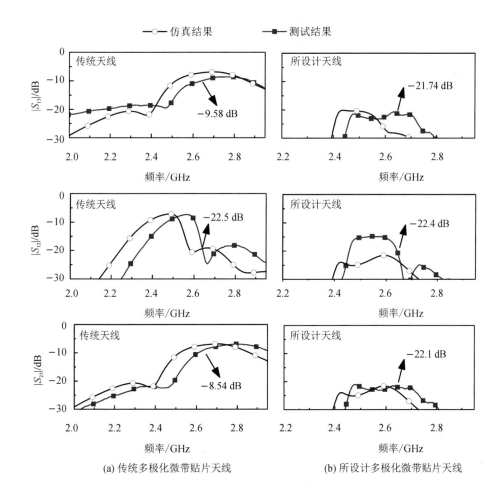

(a) 传统多极化微带贴片天线　　　　　　　　(b) 所设计多极化微带贴片天线

图 4.108　传统多极化微带贴片天线与所设计多极化微带贴片天线的传输系数对比

由图 4.108 可知,传统多极化微带贴片天线的端口间隔离度仅维持在 8.5 dB 左右,而所设计多极化微带贴片天线的端口间隔离度极大地提升至 21 dB 以上。图 4.109 为所设计多极化微带贴片天线的仿真与测试结果。由图 4.109 可知, 天线在三种极化下均具有稳定的增益特性。图 4.110 为所设计多极化微带贴片天线在不同端口下的仿真与测试方向图, 由图可知, 天线在三个端口下分别实现了左旋圆极化、右旋圆极化、线极化等辐射方向图特性。

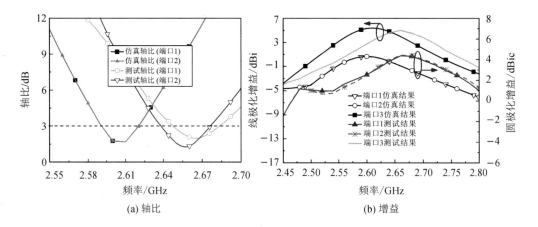

图 4.109　所设计多极化微带贴片天线的仿真与测试结果

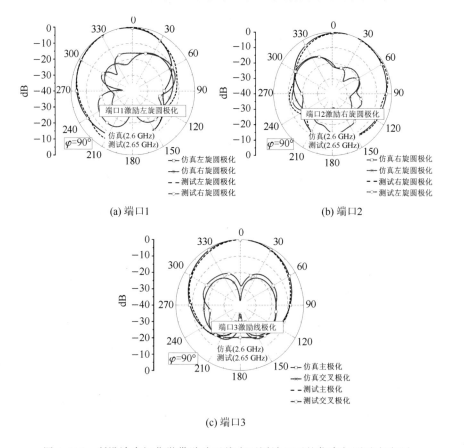

图 4.110　所设计多极化微带贴片天线在不同端口下的仿真与测试方向图

综上所述，采用腔模理论证明了双边短路壁微带贴片天线存在一对崭新正交模式（由 TM_{11} 模与 TM_{31} 模演变而来），从而摆脱了传统微带贴片天线的简并模约束；采用了多边短路技术与缝隙加载技术实现了天线高次模的谐振抑制；采用多边短路技术实现了三极化天线的多端口间高隔离特性。最终，所设计的多模谐振天线具备低剖面、三极化、小尺寸、三极化谐波抑制、高隔离度等特性。

4.8　本　章　小　结

本章主要介绍多模谐振天线的辐射特性调控，主要包括以下内容：（1）多模谐振天线的波束展宽方法，主要通过单一等效磁流、悬置介质基板等技术来实现。（2）多模谐振天线的增益提升方法，主要通过短路壁加载、介电常数调控等技术来实现。（3）多模谐振天线的多波束实现方法。（4）多模谐振天线的方向图重塑方法。（5）多模谐振天线的交叉极化抑制方法。（6）多模谐振天线的圆极化实现方法。上述一系列方法可为高性能天线的设计提供方法指导和技术支撑。

参 考 文 献

[1]　LIU N W, GAO S, ZHU L, et al. Low-profile microstrip patch antenna with simultaneous enhanced bandwidth, beamwidth, and cross-polarisation under dual resonance[J]. IET Microw., Antennas Propag., 2020, 14(5): 360 – 365.

[2]　LIU N W, ZHU L, CHOI W W. Low-profile wide-beamwidth circularly-polarised patch antenna on a suspended substrate[J]. IET Microw. Antennas Propag., 2016, 10(8): 885 – 890.

[3]　LIU N W, ZHU L, CHOI W W, et al. A low-profile differential-fed patch antenna with bandwidth enhancement and sidelobe reduction under operation of TM_{10} and TM_{12} modes[J]. IEEE Trans. Antennas Propag., 2018, 66(9): 4854 – 4859.

[4]　LIU N W, GAO S, FU G, et al. A low-profile dual-band patch antenna with simultaneous wide beamwidth and high gain by using multiresonant modes[J]. IEEE Antennas Wireless Propag. Lett., 2021, 20(5): 813 – 817.

[5]　LIU N W, LIANG Y D, ZHU L, et al. A low-profile dual-band shorted patch antenna with enhanced-bandwidth and multifunctional beams under reshaped modes [J]. Int. J. RF Microw. Comput. Aided Eng., 2021, 31(8): e22726.

[6]　LIU N W, ZHU L, LIU Z X, et al. Dual-band single-layer microstrip patch antenna with enhanced bandwidth and beamwidth based on reshaped multiresonant modes [J]. IEEE Trans. Antennas Propag., 2019, 67(11): 7127 – 7132.

[7]　LIU N W, ZHU L, LIU Z X, et al. Cross-polarization reduction of a shorted patch antenna with broadside radiation using a pair of open-ended stubs[J]. IEEE Trans.

Antennas Propag. , 2020，68(1)：13 - 20.

[8]　LIU N W, SUN M J, ZHU L, et al. A single-layer single-fed shorted-patch antenna with broadside circular polarization by using nondegenerate $TM_{0,1/2}$ and $TM_{1,1/2}$ modes[J]. IEEE Antennas Wireless Propag. Lett. , 2020，19(6)：939 - 943.

[9]　LIU N W, ZHU L, LIU Z X, et al. Design approach of a single circularly polarized patch antenna with enhanced AR-bandwidth under triple-mode resonance[J]. IEEE Transactions on Antennas and Propagation，2020，68(8)：5827 - 5834.

[10]　LIU N W, ZHU L, LIU Z X, et al. Frequency-ratio reduction of a low-profile dual-band dual-circularly polarized patch antenna under triple resonance [J]. IEEE Antennas Wireless Propag. Lett. , 2020，19(10)：1689 - 1693.

[11]　LIU N W, ZHU L, LIU Z X, et al. Design approach for low-profile tri-polarization patch antenna with simultaneous harmonic suppression[J]. IEEE Transactions on Antennas and Propagation，2022，70(4)：2401-2410.

第五章 多模谐振天线的多端口解耦方法

5.1 引 言

在全双工通信系统中，天线的多端口与低互耦特性有利于频谱效率和系统容量的提升。然而，传统微带贴片天线在多端口间会产生强耦合问题，解决这一问题的常用方法是引入去耦结构，例如缺陷地结构、微带线结构、电磁带隙结构等，但上述传统方法不适用于单一天线的多端口结构。在此背景下，运用多模内场融合方法是解决上述问题的有效途径。本章主要介绍多模谐振天线的双极化解耦方法、多模谐振天线的单频同极化解耦方法、多模谐振天线的双频同极化解耦方法、多模谐振天线的宽带同极化解耦方法。

5.2 多模谐振天线的双极化解耦方法

在双极化微带贴片天线中，双端口间的低互耦特性由极化正交与非激励端口置于内场零点位置所产生。本节对多模谐振天线的双极化解耦方法进行介绍。

图 5.1 为传统双极化多模谐振微带贴片天线的结构示意图，天线主要由辐射贴片、介质基板、一对馈电探针、地板等结构组成，馈电端口 1 放置在 y 轴上，馈电端口 2 放置在 x 轴上，天线具体参数如下：$L = 25$ mm，$W = 25$ mm，$D = 7.5$ mm，$L_g = 50$ mm，$W_g = 50$ mm，介质基板的相对介电常数为 2.2、厚度为 3 mm。

图 5.2 为传统双极化多模谐振微带贴片天线在馈电端口 1 和馈电端口 2 分别激励下的内场分布图。当馈电端口 1 激励且馈电端口 2 不激励时，天线工作在 TM_{01} 模，此时天线内场零点分布在非激励端口 2 上，如图 5.2(a)所示；当馈电端口 2 激励且馈电端口 1 不激励时，天线工作在 TM_{10} 模，此时天线内场零点分布在非激励端口 1 上，如图 5.2(b)所示。上述结果证明：将非激励端口放置在天线激励状态下构建的内场零点处，能够实现单一天线在多端口间的良好解耦特性。

图 5.3 给出了传统双极化多模谐振天线的 S 参数。由图 5.3 可知，天线的工作频段为 $3.63 \sim 3.79$ GHz，且此频段内双端口隔离度保持在 30 dB 左右，此高隔离度特性由非激励端口分布在内场零点位置所决定，同时由正交极化所决定。

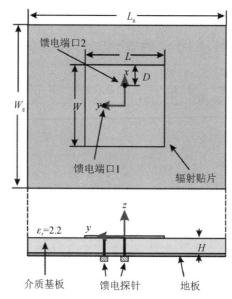

图 5.1　传统双极化多模谐振微带贴片天线的结构示意图

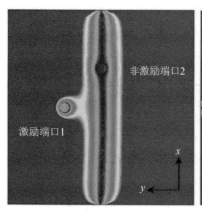 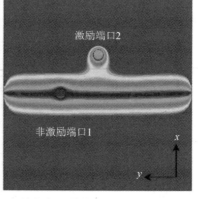

(a) 馈电端口1激励且馈电端口2不激励　　(b) 馈电端口2激励且馈电端口1不激励

图 5.2　传统双极化多模谐振天线在馈电端口 1 和馈电端口 2 分别激励下的内场分布图

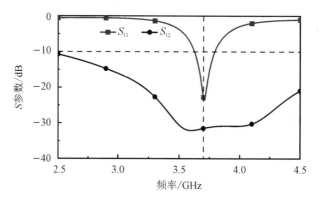

图 5.3　传统双极化多模谐振天线的 S 参数图

5.3 多模谐振天线的单频同极化解耦方法

为满足全双工通信系统的同频同极化需求,第 5.2 节中传统多模谐振天线的异极化解耦方法不再适用。在此背景下,本节对多模谐振天线的单频同极化解耦方法进行详细阐述,该方法的基本原理是通过融合微带贴片天线的 TM_{01} 模与 TM_{20} 模内场,将非激励端口放置在天线激励状态下的内场零点处,进而实现双端口低互耦特性[1]。

图 5.4 为基于多模内场融合的单频同极化微带贴片天线的结构示意图,天线主要由辐射贴片、短路销钉、介质基板、地板、馈电探针等结构组成,天线具体参数如下:$L = 24$ mm、$L_g = 60$ mm、$W = 25.4$ mm、$W_g = 50$ mm、$D_1 = 10.6$ mm、$D_2 = 10.1$ mm、$D_3 = 4.4$ mm、$D_4 = 12.7$ mm、$S_1 = 5.4$ mm、$S_2 = 2.6$ mm、$R_1 = 3.8$ mm、$R_2 = 2.2$ mm、$R_3 = 2.3$ mm、$R_4 = 2.18$ mm、$R_5 = 1.6$ mm、$H = 4$ mm,介质基板的相对介电常数为 3.5、厚度为 4 mm。所设计天线除具备低互耦特性外,还具备低剖面、同频段、同极化等特性。

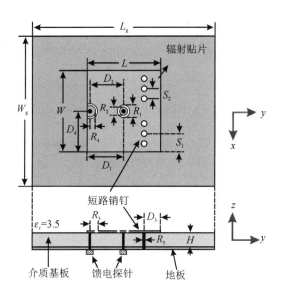

图 5.4 基于多模内场融合的单频同极化微带贴片天线的结构示意图

详细设计步骤如下:

第一步,利用特征模理论分析方法对传统微带贴片天线的模式展开讨论,得到了传统微带贴片天线的模式重要系数曲线图(图 5.5)和内场分布图(图 5.6)。结合图 5.5 和图 5.6 中的结果,传统微带贴片天线在 $2.5 \sim 8.0$ GHz 范围内存在大量辐射模式,例如模式 1(TM_{10} 模)、模式 2(TM_{01} 模)、模式 3(TM_{11} 模)、模式 4(TM_{20} 模)和模式 5(TM_{02} 模)。此处,为了实现双端口间的低互耦特性,将模式 1、模式 3、模式 5 定义为不可用模式,模式 2(TM_{01} 模)与模式 4(TM_{20} 模)定义为可用模式。

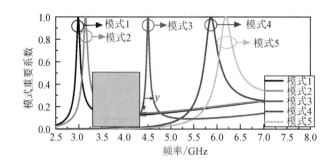

图 5.5　传统微带贴片天线的模式重要系数曲线图

根据腔模理论，传统微带贴片天线在模式 2（TM_{01} 模）下的内场表达式为

$$E_{TM_{01}} = B_1 \cos\left(\frac{\pi y}{L}\right) \qquad (5-1)$$

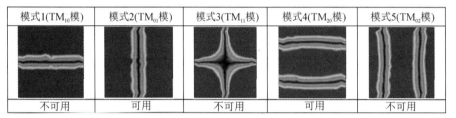

模式1(TM_{10}模)	模式2(TM_{01}模)	模式3(TM_{11}模)	模式4(TM_{20}模)	模式5(TM_{02}模)
不可用	可用	不可用	可用	不可用

图 5.6　传统微带贴片天线五种模式对应的内场分布图

式中，B_1 表示模式 2（TM_{01} 模）的内场幅度值。

　　根据腔模理论，传统微带贴片天线在模式 4（TM_{20} 模）下的内场表达式为

$$E_{TM_{20}} = B_2 \cos\left(\frac{2\pi x}{W}\right) \qquad (5-2)$$

式中，B_2 表示模式 4（TM_{20} 模）的内场幅度值。

　　第二步，结合式（5-1）与式（5-2），当左边端口 1 被激励时，天线模式 2（TM_{01} 模）与模式 4（TM_{20} 模）下的融合内场表达式为

$$
\begin{aligned}
E_{total} &= E_{TM_{01}} + E_{TM_{20}} = B_1 \cos\left(\frac{\pi y}{L}\right) + B_2 \cos\left(\frac{2\pi x}{W}\right) \\
&= \begin{cases} B_1 \cos\left(\dfrac{\pi y}{L}\right) + \dfrac{B_1}{n} \times \cos\left(\dfrac{2\pi x}{W}\right) & n \geqslant 1 \\ n \times B_2 \cos\left(\dfrac{\pi y}{L}\right) + B_2 \times \cos\left(\dfrac{2\pi x}{W}\right) & n < 1 \end{cases}
\end{aligned} \qquad (5-3)
$$

式中，n 表示模式 2（TM_{01} 模）与模式 4（TM_{20} 模）的内场幅度比值 B_1/B_2。

　　由式（5-3）可知，天线模式 2（TM_{01} 模）与模式 4（TM_{20} 模）的内场零点分布主要由关键因子 n 决定。因此，微带贴片天线在端口 1 激励下内场零点随 n 值变化的曲线图如图 5.7 所示，由该图可知：当 n 等于 0 时，天线仅有模式 4（TM_{20} 模）产生内场，此时内场零点平行分布在 $x=0.25W$ 和 $x=0.75W$ 处；随着 n 值增加，上述内场零点逐渐由平行线转变为交汇线，并在辐射贴片右半区域形成交点；当 n 趋近于无穷大时，天线仅有模式 2（TM_{01} 模）产生内场，此时内场零点分布在 $y=0.5L$ 处。基于上述变化，通过融合微带贴片天线的

模式 2(TM$_{01}$ 模)与模式 4(TM$_{20}$ 模)的内场,可以将内场零点弯折到非激励端口 2 附近,从而实现天线端口 1 与端口 2 间的低互耦特性。

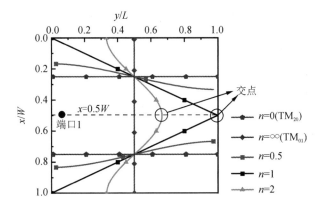

图 5.7　微带贴片天线在端口 1 激励下内场零点随 n 值变化的曲线图

反之,结合式(5-1)与式(5-2),当右边端口 1 被激励时,天线在模式 2 下的相位相差 180 度,此时天线模式 2(TM$_{01}$ 模)与模式 4(TM$_{20}$ 模)下的融合内场表达式为

$$E_{\text{total}} = E_{\text{TM}_{01}} + E_{\text{TM}_{20}} = B_1 \cos\left(\frac{\pi y}{L} + \pi\right) + B_2 \cos\left(\frac{2\pi x}{W}\right)$$

$$= \begin{cases} B_1 \cos\left(\dfrac{\pi y}{L} + \pi\right) + \dfrac{B_1}{n} \times \cos\left(\dfrac{2\pi x}{W}\right) & n \geqslant 1 \\ n \times B_2 \cos\left(\dfrac{\pi y}{L} + \pi\right) + B_2 \times \cos\left(\dfrac{2\pi x}{W}\right) & n < 1 \end{cases} \quad (5-4)$$

图 5.8 给出了微带贴片天线在端口 2 激励下内场零点随 n 值变化的曲线图。由该图可知:当 n 等于 0 时,天线仅有模式 4(TM$_{20}$ 模)产生内场,此时内场零点平行分布在 $x=0.25W$ 和 $x=0.75W$ 处;随着 n 值增加,上述内场零点逐渐由平行线转变为交汇线,并在辐射贴片左半区域汇成交点;当 n 趋近于无穷大时,天线仅有模式 2(TM$_{01}$ 模)产生内场,此时内场零点分布在 $y=0.5L$ 处。基于上述变化,通过融合微带贴片天线的模式 2(TM$_{01}$ 模)与模式 4(TM$_{20}$ 模)的内场,可以将内场零点弯折到非激励端口 1 附近,从而实现天线端口 1 与端口 2 间的低互耦特性。

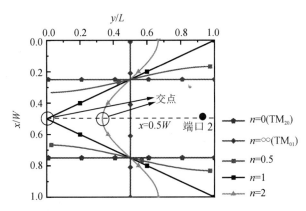

图 5.8　微带贴片天线在端口 2 激励下内场零点随 n 值变化的曲线图

第三步，比值 n 的大小可以通过调控模式 2（TM_{01} 模）与模式 4（TM_{20} 模）的内场融合程度确定。由第三章可知，短路销钉加载技术是推高天线模式 2（TM_{01} 模）谐振频率的有效方法之一，同时可保障天线在模式 4（TM_{20} 模）下的谐振频率较小移动。在此条件下，天线模式 2 与模式 4 的内场发生变化，如图 5.9 所示，其内场分布应修正为

$$\begin{cases} E_{TM_{01}} = B_1 \cos\left(\dfrac{2\pi y}{L}\right) \\ E_{TM_{20}} = B_2 \cos\left(\dfrac{2\pi x}{W}\right) \end{cases} \tag{5-5}$$

结合式（5-5），在加载短路销钉后，贴片天线在端口 1 激励下的模式 2（TM_{01} 模）与模式 4（TM_{20} 模）融合内场表达式应修正为

$$\begin{aligned} E_{\text{total-port1}} &= E_{TM_{01}} + E_{TM_{20}} = B_1 \cos\left(\frac{2\pi y}{L}\right) + B_2 \cos\left(\frac{2\pi x}{W}\right) \\ &= \begin{cases} B_1 \cos\left(\dfrac{2\pi y}{L}\right) + \dfrac{B_1}{n} \times \cos\left(\dfrac{2\pi x}{W}\right) & n \geqslant 1 \\ n \times B_2 \cos\left(\dfrac{2\pi y}{L}\right) + B_2 \times \cos\left(\dfrac{2\pi x}{W}\right) & n < 1 \end{cases} \end{aligned} \tag{5-6}$$

由式（5-6）可知，天线模式 2（TM_{01} 模）与模式 4（TM_{20} 模）的内场零点分布仍主要由关键因子 n 决定。因此，微带贴片天线在端口 1 激励下内场零点随 n 值变化的曲线图如图 5.9 所示。

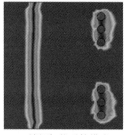

(a) 销钉加载后的模式 2
(TM_{01} 模)内场分布

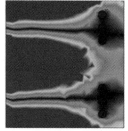

(b) 销钉加载后的模式 2
(TM_{20} 模)内场分布

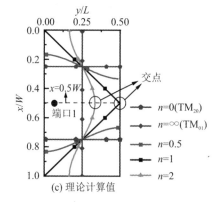

(c) 理论计算值

图 5.9　天线在端口 1 激励下修正内场零点随 n 值变化的曲线图

由图 5.9 可知：当 n 等于 0 时，天线仅有模式 4（TM_{20} 模）产生内场，此时内场零点平行分布在 $x = 0.25W$ 和 $x = 0.75W$ 处；随着 n 值增加，上述内场零点逐渐由平行线转变为交汇线，并在辐射贴片右半区域形成交点；当 n 趋近于无穷大时，天线仅有模式 2（TM_{01} 模）产生内场，此时内场零点分布在 $y = 0.25L$ 处。基于上述变化趋势，通过融合微带贴片天线的模式 2（TM_{01} 模）与模式 4（TM_{20} 模）的内场，可以将内场零点弯折到非激励端口 2 附近，如图 5.10 所示，从而实现天线端口 1 与端口 2 间的低互耦特性。

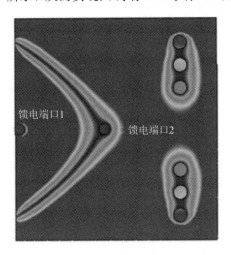

图 5.10　模式结合后微带贴片天线在端口 1 激励下的仿真内场分布图

结合式（5 - 4）与式（5 - 5），在加载短路销钉后，贴片天线在端口 2 激励下的模式 2（TM_{01} 模）与模式 4（TM_{20} 模）融合内场表达式应修正为

$$
\begin{aligned}
E_{\text{total-port2}} &= E_{TM_{01}} + E_{TM_{20}} \\
&= B_1 \cos\left(\frac{2\pi y}{L} + \pi\right) + B_2 \cos\left(\frac{2\pi x}{W}\right) \\
&= \begin{cases} B_1 \cos\left(\dfrac{2\pi y}{L} + \pi\right) + \dfrac{B_1}{n} \times \cos\left(\dfrac{2\pi x}{W}\right) & n \geqslant 1 \\[3mm] n \times B_2 \cos\left(\dfrac{2\pi y}{L} + \pi\right) + B_2 \times \cos\left(\dfrac{2\pi x}{W}\right) & n < 1 \end{cases}
\end{aligned} \tag{5 - 7}
$$

由式（5 - 7）可知，天线在端口 2 激励下模式 2（TM_{01} 模）与模式 4（TM_{20} 模）的内场零点分布仍主要由关键因子 n 决定。因此，微带贴片天线在端口 2 激励下内场零点随 n 值变化的曲线图如图 5.11 所示，由该图可知：当 n 等于 0 时，天线仅有模式 4（TM_{20} 模）产生内场，此时内场零点平行分布在 $x = 0.25W$ 和 $x = 0.75W$ 处；随着 n 值增加，上述内场零点逐渐由平行线转变为交汇线，并在辐射贴片中心区域形成交点；当 n 趋近于无穷大时，天线仅有模式 2（TM_{01} 模）产生内场，此时内场零点分布在 $y = 0.25L$ 处。基于上述变化，通过融合微带贴片天线的模式 2（TM_{01} 模）与模式 4（TM_{20} 模）的内场，可以将内场零点弯折到非激励端口 1 附近，如图 5.12 所示，从而实现天线端口 1 与端口 2 间的低互耦特性。

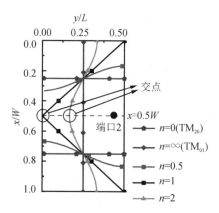

图 5.11 天线在端口 2 激励下修正内场零点随 n 值变化的曲线图

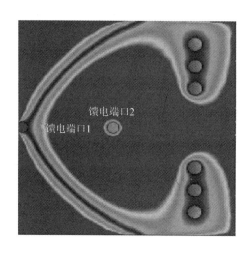

图 5.12 模式结合后微带贴片天线在端口 2 激励下的仿真内场分布图

第四步，依据图 5.4 所示的天线结构进行加工制作，相关实物如图 5.13 所示。该天线的仿真与测试 S 参数结果如图 5.14 所示，其结果证明天线在工作频段 5.30～5.54 GHz 范围内具备良好的匹配特性，且天线剖面仅为 $0.07\lambda_0$。图 5.15 为所设计单频同极化微带贴片天线的仿真测试 $|S_{12}|$ 与增益结果图。由图可知，天线在工作频段 5.30～5.54 GHz 范围内具备低互耦特性(小于 −17 dB)，如图 5.15(a)所示；天线在端口 1 单独激励下的增益保

图 5.13 所设计单频同极化微带贴片天线的加工实物图

持在 6 dBi 左右，天线在端口 2 单独激励下的增益保持在 4 dBi 左右，如图 5.15(b) 所示。图 5.16 为所设计单频同极化微带贴片天线在端口 1 与端口 2 单独激励下的 E 面辐射方向图，其结果证明了天线具备同极化辐射方向图特性。

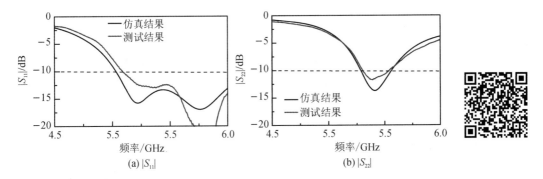

图 5.14　所设计单频同极化微带贴片天线的仿真与测试 S 参数结果图

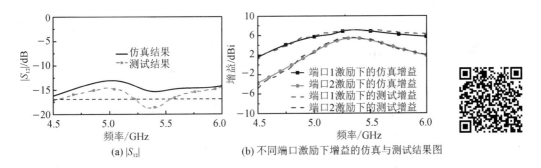

图 5.15　所设计单频同极化微带贴片天线的仿真测试 $|S_{12}|$ 与增益结果图

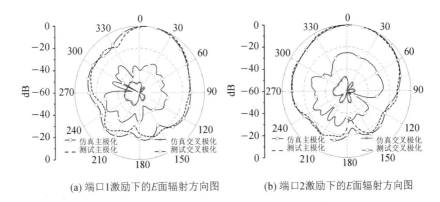

(a) 端口1激励下的 E 面辐射方向图　　(b) 端口2激励下的 E 面辐射方向图

图 5.16　所设计单频同极化微带贴片天线在端口 1 与端口 2 单独激励下的 E 面辐射方向图

综上所述，采用短路销钉加载技术实现了天线 TM_{01} 模与 TM_{20} 模内场的相互融合，弯曲了融合内场的零点分布位置，进而使天线端口 1 与端口 2 间形成了良好隔离特性；采用缝隙加载技术改善了天线在工作频段内的良好匹配特性。最终，所设计的多模谐振天线具备低剖面、双端口、高隔离、同极化、相似方向图等特性。

5.4 多模谐振天线的双频同极化解耦方法

第 5.3 节中，将微带贴片天线 TM_{01} 模与 TM_{20} 模的内场融合，使得天线在激励端口下的内场零点位置弯曲到非激励端口处，从而获得双端口间的同频同极化解耦特性。为进一步拓展天线性能，本节讨论多模谐振天线的双频同极化解耦方法[2]，该方法融合了微带贴片天线的 TM_{10} 模、TM_{11} 模、TM_{12} 模、TM_{13} 模。

图 5.17 为基于销钉加载的双频同极化微带贴片天线结构示意图，该天线主要由辐射贴片、介质基板、地板、馈电探针、销钉等结构组成，天线具体参数如下：$L_g = 130$ mm、$L_1 = 60$ mm、$L_2 = 16$ mm、$L_3 = 8.5$ mm、$L_4 = 9$ mm、$W_g = 180$ mm、$W_1 = 105.6$ mm、$W_2 = 52.8$ mm、$W_3 = 48.3$ mm、$W_4 = 15.8$ mm、$S_1 = 2$ mm、$S_2 = 1.8$ mm、$R_1 = 0.6$ mm、$R_2 = 8$ mm、$R_3 = 0.6$ mm，介质基板的相对介电常数为 3.5、厚度为 5 mm。所设计天线除具备低互耦特性外，还具备低剖面、双频段、四端口、同极化等特性。详细设计步骤如下：

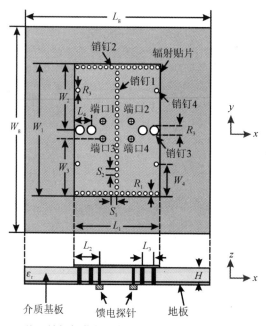

图 5.17 基于销钉加载的双频同极化微带贴片天线结构示意图

第一步，分析双频天线在端口 1 与端口 2 间（或端口 3 与端口 4 间）的双频解耦方法。三种天线在不同模式下加载销钉对 S 参数的影响对照情况如表 5.1 所示。由表 5.1 可知，传统微带贴片天线在 TM_{10} 模、TM_{11} 模、TM_{12} 模、TM_{13} 模下的传输系数 S_{12} 均保持在 -3 dB 左右，即天线在端口 1 与端口 2 间的耦合效应强，如表 5.1 第二列；为降低端口间耦合，需要在辐射贴片中心加载沿 y 轴方向的销钉 1，此时，天线 TM_{10} 模、TM_{11} 模、TM_{12} 模、TM_{13} 模下的传输系数 S_{12} 降低到了 -8 dB 左右，如表 5.1 第三列所示；为进一步降低端口间耦合，需要在辐射贴片上加载沿 x 轴方向的销钉 2，在时，天线在 TM_{10} 模、TM_{11} 模、TM_{12} 模、TM_{13} 模下的传输系数 S_{12} 降低到了 -15 dB 以下，如表 5.1 第四列所示，因此天线具备良好的隔离特性。同理，采用上述方法也能够实现天线端口 3 与端口 4

间的良好解耦特性。

表 5.1 三种天线在不同模式下加载销钉对 S 参数的影响对照表

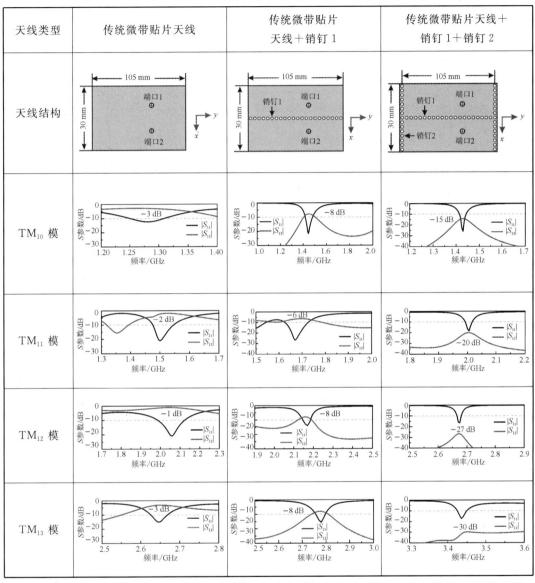

天线类型	传统微带贴片天线	传统微带贴片 天线＋销钉 1	传统微带贴片天线＋ 销钉 1＋销钉 2
天线结构			
TM$_{10}$ 模			
TM$_{11}$ 模			
TM$_{12}$ 模			
TM$_{13}$ 模			

第二步，分析双频天线在端口 1 与端口 3 间（或端口 2 与端口 4 间）的低频解耦方法。在此，需要融合微带贴片天线 TM$_{10}$ 模、TM$_{11}$ 模、TM$_{12}$ 模、TM$_{13}$ 模的内场。根据腔模理论，上述四个模式的内场表达式如下：

$$E_{\mathrm{TM}_{10}} = B_1 \sin\left(\frac{\pi y}{W_1}\right) \times \cos\left(\frac{\pi x}{L_1}\right) \tag{5-8}$$

$$E_{\mathrm{TM}_{11}} = -B_2 \sin\left(\frac{2\pi y}{W_1}\right) \times \cos\left(\frac{\pi x}{L_1}\right) \tag{5-9}$$

$$E_{\mathrm{TM}_{12}} = -B_3 \sin\left(\frac{3\pi y}{W_1}\right) \times \cos\left(\frac{\pi x}{L_1}\right) \tag{5-10}$$

$$E_{\mathrm{TM}_{13}} = B_4 \sin\left(\frac{4\pi y}{W_1}\right) \times \cos\left(\frac{\pi x}{L_1}\right) \qquad (5-11)$$

式中，B_1 表示 TM_{10} 模的内场幅度值，B_2 表示 TM_{11} 模的内场幅度值，B_3 表示 TM_{12} 模的内场幅度值，B_4 表示 TM_{13} 模的内场幅度值。

结合式(5-8)与式(5-9)，可推导出基于 TM_{10} 模与 TM_{11} 模的融合内场表达式：

$$\begin{aligned} E_{\mathrm{total1}} &= E_{\mathrm{TM}_{10}} + E_{\mathrm{TM}_{11}} \\ &= B_2\left[n_1 \sin\left(\frac{\pi y}{W_1}\right) \times \cos\left(\frac{\pi x}{L_1}\right) - \sin\left(\frac{2\pi y}{W_1}\right) \times \cos\left(\frac{\pi x}{L_1}\right) \right] \end{aligned} \qquad (5-12)$$

式中，n_1 为 TM_{10} 模与 TM_{11} 模的内场幅值比 B_1/B_2。

依据式(5-12)可以计算出天线在不同 n_1 值时端口 1 与端口 3 分别激励下的模式融合内场。图 5.18 为天线的 TM_{10} 模与 TM_{11} 模在不同端口激励下的融合内场模拟分布情况，分为以下两种：

(1) 端口 1 激励、端口 3 不激励。天线 TM_{10} 模与 TM_{11} 模的模拟内场分布如图 5.18(a)和图 5.18(b)所示，其中天线 TM_{10} 模在辐射贴片的中心处呈现出内场最大特性，天线 TM_{11} 模在辐射贴片的中心处呈现出内场最弱特性。若将 TM_{10} 模与 TM_{11} 模的内场相融合，天线融合内场零点随核心参数 n_1 的变化如图 5.18(c)所示，可知：随着 n_1 值的增加，融合后的内场零点会逐步向左移动，当零点移动到未激励端口 3 时，即可实现双端口间的低互耦特性。

(2) 端口 3 激励、端口 1 不激励。天线 TM_{10} 模与 TM_{11} 模的模拟内场分布如图 5.18(d)和图 5.18(e)所示，其中天线 TM_{10} 模在辐射贴片的中心处呈现出内场最大特性，天线 TM_{11} 模在辐射贴片的中心处呈现出内场最弱特性。若将 TM_{10} 模与 TM_{11} 模的内场相融合，天线融合零点随核心参数 n_1 的变化如图 5.18(f)所示，可知：随着 n_1 值的增加，融合后的内场零点会逐步向右移动，当零点移动到未激励端口 1 时，即可实现双端口间的低互耦特性。

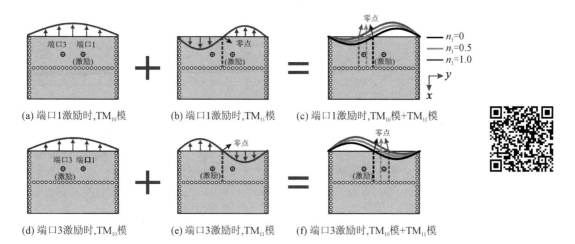

(a) 端口1激励时，TM_{10}模   (b) 端口1激励时，TM_{11}模   (c) 端口1激励时，TM_{10}模+TM_{11}模

(d) 端口3激励时，TM_{10}模   (e) 端口3激励时，TM_{11}模   (f) 端口3激励时，TM_{10}模+TM_{11}模

图 5.18　天线的 TM_{10} 模与 TM_{11} 模在不同端口激励下的内场模拟分布图

第三步，分析双频天线在端口 1 与端口 3 间(或端口 2 与端口 4 间)的高频解耦方法。结合式(5-10)与式(5-11)，推导出基于 TM_{12} 模与 TM_{13} 模的融合内场表达式：

$$E_{\text{total2}} = E_{\text{TM}_{12}} + E_{\text{TM}_{13}}$$

$$= -B_4 \left[n_2 \sin\left(\frac{3\pi y}{W_1}\right) \times \cos\left(\frac{\pi x}{L_1}\right) - \sin\left(\frac{4\pi y}{W_1}\right) \times \cos\left(\frac{\pi x}{L_1}\right) \right] \tag{5-13}$$

式中，n_2 为 TM_{12} 模与 TM_{13} 模的内场幅值比 B_3/B_4。

依据式(5-13)可以计算出天线在不同 n_2 值时端口 1 与端口 3 分别激励下的模式融合内场，图 5.19 为天线的 TM_{12} 模与 TM_{13} 模在不同端口激励下的融合内场模拟分布情况，分为以下两种：

(1) 端口 1 激励、端口 3 不激励。天线 TM_{12} 模与 TM_{13} 模的模拟内场分布如图 5.19(a)和 5.19(b)所示，其中天线 TM_{12} 模在辐射贴片的中心处呈现出内场最大特性，天线 TM_{13} 模在辐射贴片的中心处呈现出内场最弱特性。若将 TM_{12} 模与 TM_{13} 模的内场相融合，天线融合内场零点随核心参数 n_2 的变化如图 5.19(c)所示，可知：随着 n_2 值的增加，融合后的内场零点会逐步向左移动，当零点移动到未激励端口 3 时，即可实现双端口间的低互耦特性。

(2) 端口 3 激励、端口 1 不激励。天线 TM_{12} 模与 TM_{13} 模的模拟内场分布如图 5.19(d)和图 5.19(e)所示，其中天线 TM_{12} 模在辐射贴片的中心处呈现出内场最大特性，天线 TM_{13} 模在辐射贴片的中心处呈现出内场最弱特性。若将 TM_{12} 模与 TM_{13} 模的内场相融合，天线融合内场零点随核心参数 n_2 的变化如图 5.19(f)所示，可知：随着 n_2 值的增加，融合后的内场零点会逐步向右移动，当零点移动到未激励端口 1 时，即可实现双端口间的低互耦特性。

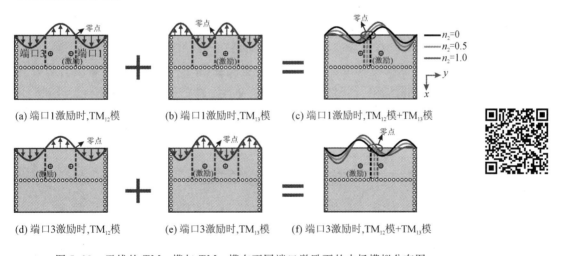

(a) 端口1激励时，TM_{12}模   (b) 端口1激励时，TM_{13}模   (c) 端口1激励时，TM_{12}模+TM_{13}模

(d) 端口3激励时，TM_{12}模   (e) 端口3激励时，TM_{13}模   (f) 端口3激励时，TM_{12}模+TM_{13}模

图 5.19　天线的 TM_{12} 模与 TM_{13} 模在不同端口激励下的内场模拟分布图

第四步，基于上述原理，在实现过程中通过加载销钉 3 以实现 TM_{10} 模与 TM_{11} 模谐振频率的相互靠近。天线在低频 TM_{10} 模与 TM_{11} 模相互靠近下的 S 参数结果如图 5.20 所示，由图可知，天线的低频工作范围为 2.064～2.075 GHz，且频带内的隔离度大于 16 dB。天线在低频 2.07 GHz 下仿真内场分布情况，如图 5.21 所示，由图可知，当端口 1 激励时，天线内场零点弯折到非激励端口 3 附近，从而实现了良好的隔离特性，同时也验证了上述分析方法的正确性。

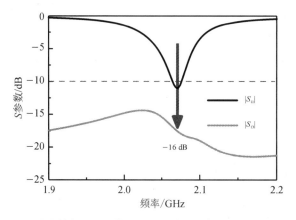

图 5.20 天线在低频 TM_{10} 模与 TM_{11} 模相互靠近下的 S 参数结果图

图 5.21 天线在低频 2.07 GHz 下仿真内场分布示意图

同样,基于上述原理,在实现过程中通过加载销钉 3 也可以实现 TM_{12} 模与 TM_{13} 模谐振频率的相互靠近,天线在高频 TM_{12} 模与 TM_{13} 模相互靠近下的 S 参数结果如图 5.22 所示,由图可知,天线的低频工作范围为 $3.582\sim3.6$ GHz,且频带内的隔离度大于 15 dB。天线在高频 3.59 GHz 下仿真内场分布情况如图 5.23 所示。由图可知,当端口 1 激励时,天线内场零点弯折到非激励端口 3 附近,从而实现了良好的隔离特性,同时也验证了上述分析方法的正确性。

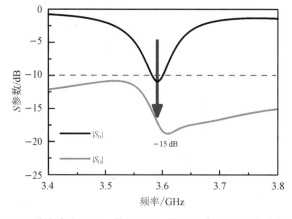

图 5.22 天线在高频 TM_{12} 模与 TM_{13} 模相互靠近下的 S 参数结果图

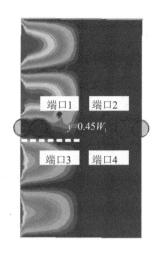

图 5.23　天线在高频 3.59 GHz 下仿真内场分布示意图

第五步，依据图 5.17 所示的天线结构进行加工制作，相关实物如图 5.24 所示。该天线的 S 参数仿真与测试结果如图 5.25 所示。由图 5.25(a)可知，所设计天线的工作频段为 2.367~2.373 GHz 与 3.732~3.743 GHz，且天线剖面维持在 0.039λ。由图 5.25(b)和图 5.25(c)可知，所设计天线在工作频段 2.367~2.373 GHz 与 3.732~3.743 GHz 内具备低互耦特性(小于 -15 dB)。图 5.26 为天线的仿真与测试增益，天线在四端口分别激励下的低频(2.37 GHz)增益保持在 5.3 dBi 左右，天线在四端口分别激励下的高频(3.74 GHz)增益保持在 3.8 dBi 左右。图 5.27 为双频同极化微带贴片天线在端口 1 激励下的高频段和低频段 E 面辐射方向图，该结果进一步验证了天线在不同频段与不同端口下的同极化辐射特性。

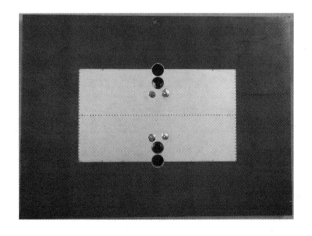

图 5.24　基于销钉加载的双频同极化微带贴片天线加工实物图

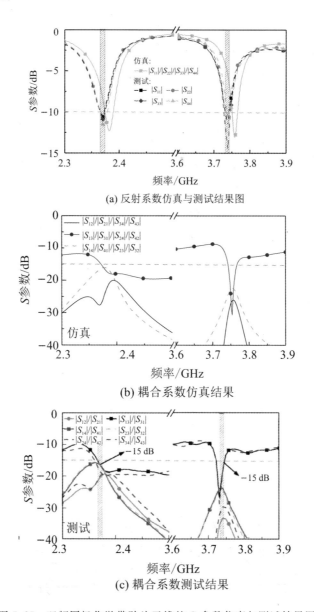

(a) 反射系数仿真与测试结果图

(b) 耦合系数仿真结果

(c) 耦合系数测试结果

图 5.25 双频同极化微带贴片天线的 S 参数仿真与测试结果图

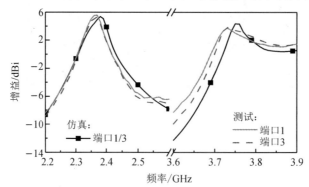

图 5.26 双频同极化微带贴片天线的增益仿真与测试结果图

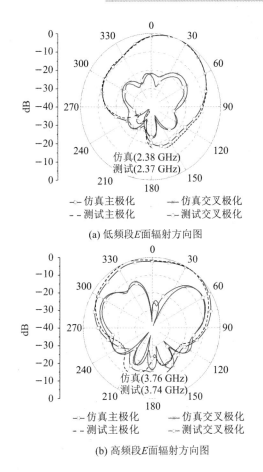

(a) 低频段 E 面辐射方向图

(b) 高频段 E 面辐射方向图

图 5.27　双频同极化微带贴片天线在端口 1 激励下的高频段和低频段 E 面辐射方向图

综上所述，采用销钉 1 与销钉 2 加载技术改善了天线端口 1 与端口 2、端口 3 与端口 4 间的隔离特性；采用销钉 3 加载技术实现了低频 TM_{10} 模与 TM_{11} 模内场的相互融合，同时实现了高频 TM_{12} 模与 TM_{13} 模内场的相互融合，从而改善了天线端口 1 与端口 3、端口 2 与端口 4 间的隔离特性；采用销钉 4 加载技术改善了天线的低频与高频辐射方向图特性，且改善了天线在双频段内的匹配特性。最终，设计出的多模谐振天线具备低剖面、双频带、四端口、高隔离、同极化、相似方向图等特性。

5.5　多模谐振天线的宽带同极化解耦方法

第 5.3 节和第 5.4 节中，相关结果证明了融合微带贴片天线多模式内场是实现同极化解耦特性的有效方法之一，但均存在窄带问题。在此背景下，本节介绍多模谐振天线的宽带同极化解耦方法[3]，该方法融合了微带贴片天线的 TM_{01} 模、TM_{11} 模、TM_{21} 模、TM_{31} 模、TM_{03} 模、TM_{13} 模。

基于销钉加载的宽带高隔离微带贴片天线结构如图 5.28 所示，天线主要由辐射贴片、介质基板、地板、环形缝隙、馈电探针、销钉等结构组成，天线具体参数如下：$L_g = 100$ mm、

$L_1 = 60.6$ mm、$L_2 = 21.35$ mm、$L_3 = 9.5$ mm、$L_4 = 10$ mm、$L_5 = 52.7$ mm、$W_g = 150$ mm、$W_1 = 110$ mm、$W_2 = 55$ mm、$W_3 = 43.5$ mm、$W_4 = 24.7$ mm、$W_5 = 30.9$ mm、$R_1 = 1$ mm、$R_2 = 9$ mm、$R_3 = 6$ mm、$R_4 = 3$ mm、$R_5 = 6.8$ mm、$R_6 = 6.3$ mm，介质基板的相对介电常数为 3.5、厚度为 5 mm。

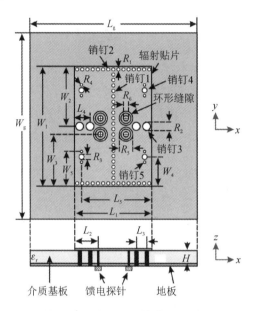

图 5.28　基于销钉加载的宽带高隔离微带贴片天线结构示意图

本节设计天线除具备低互耦特性外，还具备低剖面、宽频带、四端口、同极化、相似方向图等特性。由于其工作原理与第 5.3 节、第 5.4 节的基本原理类似，下文将简述其设计步骤，具体如下：

（1）销钉 1 的作用是抑制天线的偶次模式。

（2）销钉 2 的作用是调控天线的谐振频率使得在频带内仅存在所需要的六个模式，即 CM1、CM2、CM3、CM4、CM5 与 CM6。

（3）销钉 3 的作用是调控天线 CM1、CM3 与 CM5 模的谐振频率使其分别靠近 CM2、CM4 与 CM6 模。

（4）销钉 4 和销钉 5 的作用是结合所用到的六个模式以获得宽的隔离带宽。

（5）环形缝隙的作用是调控天线在宽频带内的匹配特性。

基于上述诸多加载，上述六种模式谐振频率相互靠近，从而形成模式内场的相互融合，进而使天线在宽频带内实现了高隔离特性。

最后，依据图 5.28 所示的天线结构进行了加工制作，相关实物如图 5.29 所示。该天线的 S 参数仿真与测试结果如图 5.30 所示。由图 5.30(a) 可知，天线在工作频段 3.575～4.205 GHz 内具备良好的匹配特性，且天线剖面仅为 $0.06\lambda_0$。由图 5.30(b) 可知，所设计天线在工作频段 3.575～4.205 GHz 内具备低互耦特性（小于 −20 dB）。图 5.31 为天线的增益仿真与测试结果，其结果证明了天线在工作频段内的增益保持在 6 dBi 左右。图 5.32 为天线在端口 1 和端口 2 分别激励下的 xoz 面方向图，该结果进一步验证了天线在不同端口下的同极化方向图特性。

图 5.29　基于销钉加载的宽带同极化解耦天线加工实物图

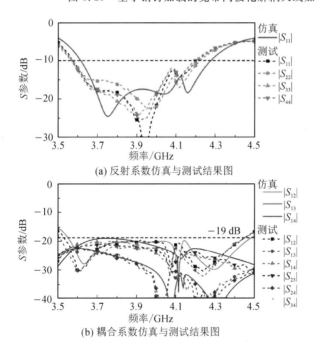

(a) 反射系数仿真与测试结果图

(b) 耦合系数仿真与测试结果图

图 5.30　基于销钉加载的宽带同极化解耦天线的 S 参数仿真与测试结果图

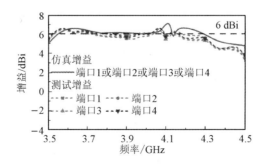

图 5.31　基于销钉加载的宽带同极化解耦天线的增益仿真与测试结果图

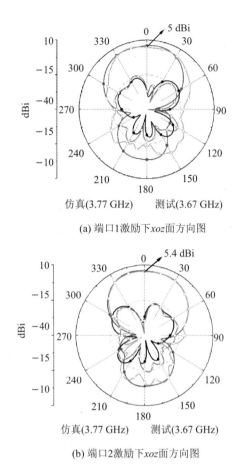

(a) 端口1激励下xoz面方向图

(b) 端口2激励下xoz面方向图

图 5.32 基于销钉加载的宽带同极化解耦天线在端口 1 和端口 2 分别激励下的 xoz 面方向图

综上所述，采用销钉 1、销钉 2、销钉 3、销钉 4 加载技术实现了天线 CM1、CM2、CM3、CM4、CM5 与 CM6 的内场相互融合，从而使天线在激励端口下的内场零点弯折到非激励端口附近。最终，所设计的多模谐振天线具备低剖面、宽频带、四端口、高隔离、同极化、相似方向图等特性。

5.6 本 章 小 结

本章主要介绍了基于多模内场融合的单天线多端口解耦方法，该方法的核心思想是将非激励端口放置在天线激励状态下的融合内场零点处，具体分为以下四个方面：（1）多模谐振天线的双极化解耦方法，该方法实现了天线的同频异极化方向图特性。（2）多模谐振天线的单频同极化解耦方法，该方法实现了天线的同频同极化相似方向图特性。（3）多模谐振天线的双频同极化解耦方法，该方法实现了天线在双频段内的同频同极化相似方向图特性。（4）多模谐振天线的宽带同极化解耦方法，该方法实现了天线在宽频段内的同频同极化相似方向图特性。本章中的多种方法可为全双工通信系统提供方法指导和技术支撑。

参 考 文 献

[1] LIU N W, LIANG Y D, ZHU L, et al. Electric-field null bending of a single dual-port patch antenna for co-linear polarization decoupling using characteristic modes analysis[J]. IEEE Trans. Antennas Propag. , 2022, 20(12): 12247 - 12252.

[2] LIU N W, LIANG Y D, ZHU L, et al. Mutual coupling reduction of a dual-band four-port patch antenna with co-polarized radiation pattern by controlling electric fields[J]. IEEE Trans. Antennas Propag. , 2022, 71(5): 4534 - 4539.

[3] LIU N W, HUANG B B, ZHU L, et al. A low-profile four-port patch antenna with wideband mutual-coupling reduction and same polarization: principle and design approach[J]. IEEE Antennas Wireless Propag. Lett. , 2022, 22(10): 2407 - 2411.

第六章 其他多模谐振天线的设计方法

6.1 引　　言

　　第三章、第四章、第五章围绕微带贴片天线介绍了多模谐振天线的设计方法。同时,该方法(多模谐振方法)在缝隙天线、介质天线、漏波天线等其他天线形式中也适用。为了拓展该方法的普适性与应用范围,本章介绍其他多模谐振天线的设计方法,主要包括多模谐振宽带缝隙天线的设计方法、多模谐振滤波介质天线的设计方法,以及多模谐振漏波天线的设计方法。

6.2 多模谐振宽带缝隙天线的设计方法

　　在射频识别与终端通信系统中,缝隙天线具备广阔的应用前景。同时,为满足系统的宽带通信需求,传统方法是融合缝隙天线的一次模与三次模(方向图在法向方向最大),并舍弃二次模(方向图在法向方向最小)。然而,传统方法存在天线电尺寸增加、带宽拓展有限等缺陷。在此背景下,本节详细介绍基于方向图重塑的多模谐振宽带缝隙天线设计方法[1],该方法融合了缝隙天线的一次模(模式 1)与二次模(模式 2)。

　　图 6.1 为多模谐振宽带缝隙天线的结构示意图,天线主要由短路销钉、缝隙、地板、介质基板、微带馈线等结构组成。

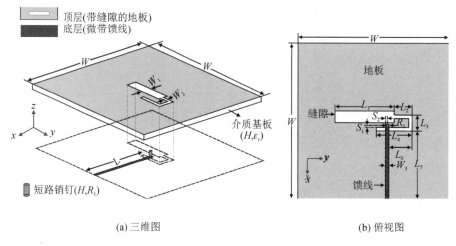

(a) 三维图　　　　　　　　　　　　　　　　(b) 俯视图

图 6.1　多模谐振宽带缝隙天线的结构示意图

天线具体设计参数如下：$L=40.6$ mm、$L_1=30$ mm、$L_2=3.2$ mm、$L_3=3$ mm、$L_4=11.2$ mm、$L_5=39.9$ mm、$L_6=7.25$ mm、$W=80$ mm、$W_1=4$ mm、$W_2=0.2$ mm、$W_3=1.1$ mm、$R_1=0.4$ mm、$S_1=0.3$ mm、$S_2=0.55$ mm，介质基板的相对介电常数为3.5、厚度为0.5 mm。所设计天线除具备双模宽带特性外，还具备低剖面、小型化、稳定增益、低交叉极化、稳定方向图等特性。详细设计步骤如下：

第一步，利用特征模理论对传统缝隙天线展开模式分析与讨论。图6.2为传统缝隙天线的结构示意图，天线具体参数如下：$L=47.4$ mm、$W_1=0.2$ mm，介质基板的相对介电常数为3.5、厚度为0.5 mm。

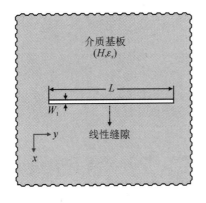

图6.2　传统缝隙天线的结构示意图

传统缝隙天线的模式重要系数如图6.3所示，由该图可知，传统缝隙天线在2.0～8.4 GHz频段范围内的模式1(CM1)、模式2(CM2)、模式3(CM3)分别谐振在2.39 GHz、4.78 GHz、7.17 GHz左右，其中模式2谐振频率约为模式1谐振频率的两倍，模式3谐振频率约为天线模式1谐振频率的三倍。

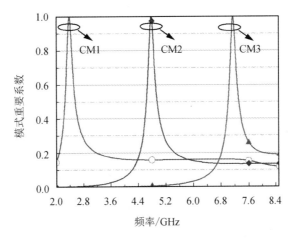

图6.3　传统缝隙天线的模式重要系数

图6.4给出了传统缝隙天线在不同模式下的远场辐射方向图，从该图可知，传统缝隙天线在模式1与模式3下的辐射方向图呈现±z轴增益最大，如图6.4(a)和图6.4(c)所示；而传统缝隙天线在模式2下的辐射方向图在±z轴方向呈现增益最小，如图6.4(b)所示。由此可见，传统模式2为无效模式，研究者通常舍弃此模式来获得多模谐振宽带特性。

若反其道而行之，采用第四章中方向图重塑概念调控模式 2 方向图，并将缝隙天线的模式 1 与模式 2 融合，是否能实现多模谐振缝隙天线的小型化与宽频带特性。

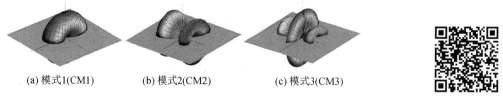

(a) 模式1(CM1)　　　(b) 模式2(CM2)　　　(c) 模式3(CM3)

图 6.4　传统缝隙天线在不同模式下的远场辐射方向图

第二步，为了实现上述目标，需要对传统缝隙天线在模式 2 下的方向图凹陷工作机制进行等效磁流建模与分析。图 6.5 为传统缝隙天线在模式 2 下的等效磁流分布图，该图中等效磁流主要由两部分组成：沿 $+y$ 轴方向的红色等效磁流 $\boldsymbol{M}_{S1}$ 与沿 $-y$ 轴方向的绿色等效磁流 $\boldsymbol{M}_{S2}$。

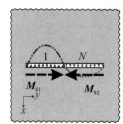

图 6.5　传统缝隙天线在模式 2 下的等效磁流分布图

假设缝隙宽度远远小于自由空间波长，即 $W_1 \ll \lambda_0$。当图 6.5 中的等效磁流 $\boldsymbol{M}_{S2}$ 与 $\boldsymbol{M}_{S1}$ 的幅度比设置为 N 时，缝隙天线在模式 2 下的电场可表达为

$$E_x = \begin{cases} -E_0 \sin\left(\dfrac{2\pi y}{L}\right), & -0.5L < y < 0 \\[2mm] -NE_0 \sin\left(\dfrac{2\pi y}{L}\right), & 0 < y < 0.5L \end{cases} \qquad E_y = 0 \qquad (6-1)$$

式中，E_0 代表等效磁流 $\boldsymbol{M}_{S1}$ 的电场幅度最大值。

基于式(6-1)，缝隙天线在模式 2 下的等效磁流可表达为

$$\boldsymbol{M} = (E_x \hat{x} + E_y \hat{y}) \times \hat{z} \qquad (6-2)$$

结合式(6-1)与式(6-2)，传统缝隙天线在模式 2 下的 yoz 面内辐射方向图可求解为

$$\begin{cases} E_\theta = 0 \\[2mm] E_\varphi = \dfrac{2\pi/L}{(2\pi/L)^2 - k_y^2} \times \left[\mathrm{j}2\sin(k_y L/2) + (N-1)(1 + \mathrm{e}^{\mathrm{j}k_y L/2}) \right]\cos\theta \end{cases} \qquad (6-3)$$

式中，k_y 等于 $2\pi\sin\theta/\lambda$。

由式(6-3)可知，传统缝隙天线在模式 2 下的 yoz 面辐射方向图主要由核心参数 N 决定。由此可以画出缝隙天线模式 2 的 yoz 面归一化方向图在不同 N 值下的变化趋势，如图 6.6 所示，由该图可知：当 $N = 1.0$ 时，缝隙天线模式 2 的辐射场沿 $\pm z$ 轴（$\theta = 0°$ 及 $\theta = 180°$）方向上呈现最小值特性；随着 N 值的减小，缝隙天线模式 2 的辐射场在 $\pm z$ 轴（$\theta = 0°$ 及 $\theta = 180°$）方向上逐渐增强；当 N 减小到 0.1 时，缝隙天线模式 2 的辐射场沿 $\pm z$ 轴（$\theta = 0°$ 及 $\theta = 180°$）方向上呈现最大值，从而使模式 2 的辐射场与模式 1 的辐射场近似。

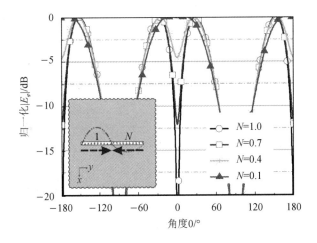

图 6.6　缝隙天线模式 2 的 yoz 面归一化方向图在不同 N 值下的变化趋势

第三步，为了减小比值 N 来重塑模式 2 的辐射方向图，在具体实现过程中，弯折缝隙是有效方法之一。折叠缝隙天线的结构示意图如图 6.7 所示，天线具体参数如下：$L_1 =$ 33.2 mm、$L_2 = 3$ mm、$L_3 = 11.2$ mm、$W_1 = 0.2$ mm，介质基板的相对介电常数为 3.5、厚度为 0.5 mm。

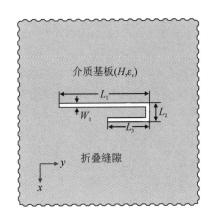

图 6.7　折叠缝隙天线的结构示意图

缝隙天线在不同折叠长度 L_3 下的模式 2 等效磁流分布状况如图 6.8 所示。由图 6.8 可知：随着缝隙弯折长度 L_3 的增加，等效磁流 $\boldsymbol{M}_{S1}$ 的幅度随之增强，等效磁流 $\boldsymbol{M}_{S2}$ 的幅度自身反相抵消，进而比值 N 得以有效降低。图 6.9 给出了缝隙天线在不同折叠长度 L_3 下模式 2 的 yoz 面归一化方向图变化趋势。由该图可知：随着缝隙弯折长度 L_3 的增加，归一化电场 $|E_\varphi|$ 分量在 Z 轴($\theta = 0°$)方向上电平值逐渐增加；当 $L_3 = 11.2$ mm 时，缝隙天线模式 2 的归一化电场 $|E_\varphi|$ 分量在 Z 轴($\theta = 0°$)方向上达到 0 dB，如图 6.9(d)所示，进而与缝隙天线模式 1 的辐射方向图近似。图 6.10 为缝隙天线在不同折叠长度 L_3 下模式 2 的三维辐射方向图变化趋势。随着缝隙弯折长度 L_3 的增加，缝隙天线模式 2 的 $\pm z$ 轴凹陷方向图被重塑为 $\pm z$ 轴最强辐射方向图，如图 6.10(d)所示。

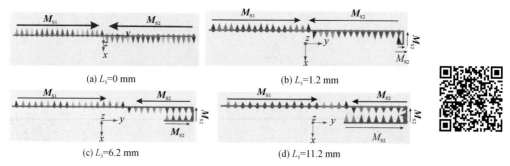

(a) $L_3=0$ mm　(b) $L_3=1.2$ mm

(c) $L_3=6.2$ mm　(d) $L_3=11.2$ mm

图 6.8　缝隙天线在不同折叠长度 L_3 下的模式 2 等效磁流分布

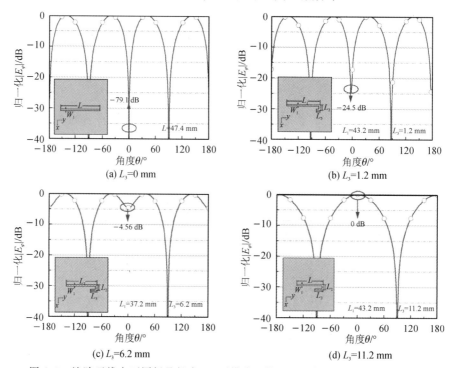

(a) $L_3=0$ mm　(b) $L_3=1.2$ mm

(c) $L_3=6.2$ mm　(d) $L_3=11.2$ mm

图 6.9　缝隙天线在不同折叠长度 L_3 下模式 2 的 yoz 面归一化方向图变化趋势

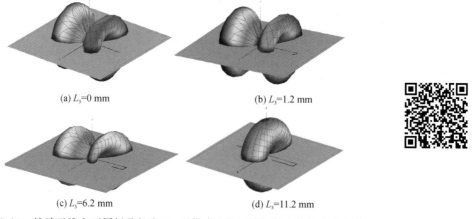

(a) $L_3=0$ mm　(b) $L_3=1.2$ mm

(c) $L_3=6.2$ mm　(d) $L_3=11.2$ mm

图 6.10　缝隙天线在不同折叠长度 L_3 下模式 2 的三维辐射方向图变化趋势

　　第四步，传统缝隙天线模式 2 除存在法向凹陷波束外，还存在模式 2 谐振频率与模式 1 谐振频率间的大频率比问题，其可以通过阶梯缝隙技术来有效解决。图 6.11 为阶梯缝隙天线在不同缝隙宽度 W_1 下的 S 参数变化曲线，由该图可知：当 $W_1 = 0.2$ mm 时，低频模式 1 与高频模式 2 的谐振频率比保持在两倍频左右；随着缝隙宽度 W_1 的增加，低频模式 1 与高频模式 2 的谐振频率相互拉近；当 $W_1 = 4.0$ mm 时，缝隙天线模式 1 与模式 2 相互融合形成了双模宽带特性（工作频段 3.2～4.3 GHz，带宽约 29.3%）。

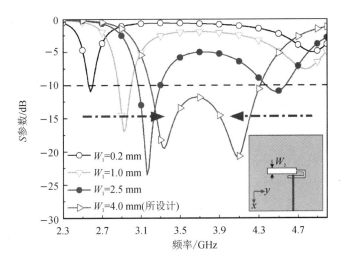

图 6.11　阶梯缝隙天线在不同缝隙宽度 W_1 下的 S 参数变化曲线

　　图 6.12 给出了缝隙天线在低频 2.98 GHz 与高频 4.24 GHz 的等效磁流分布。缝隙天线在低频 2.98 GHz 附近的等效磁流无方向变化，此时称天线工作在模式 1，如图 6.12(a) 所示。缝隙天线在高频 4.24 GHz 附近的等效磁流方向变化一次，此时称天线工作在模式 2，如图 6.12(b) 所示。

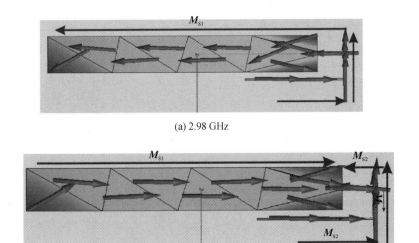

(a) 2.98 GHz

(b) 4.24 GHz

图 6.12　缝隙天线在低频 2.98 GHz 与高频 4.24 GHz 的等效磁流分布

　　第五步，依据图 6.1 所示的天线结构进行加工制作，相关实物如图 6.13 所示。该天线的仿真与测试 S 参数如图 6.14 所示，其结果证明：多模谐振缝隙天线在工作频段 3.22～4.42 GHz 内具备良好的阻抗匹配特性，该性能是传统缝隙天线工作带宽的 2 倍。图 6.15 为多模谐振宽带缝隙天线在不同频点下的仿真与测试方向图，其结果证明：多模谐振缝隙天线在工作频带内具备稳定的双向辐射特性。图 6.16 为多模谐振宽带缝隙天线在不同频点的仿真与测试峰值增益，其结果证明：多模谐振缝隙天线在工作频段内的增益保持在 5.0 dBi 左右，具备稳定的辐射增益特性。

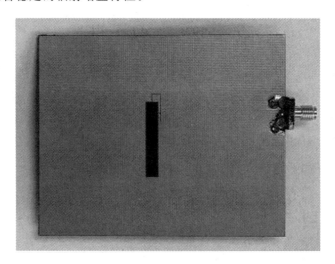

图 6.13　多模谐振宽带缝隙天线的加工实物图

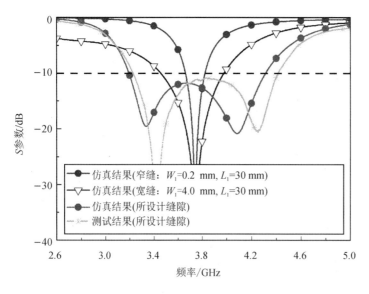

图 6.14　多模谐振宽带缝隙天线的仿真与测试 S 参数

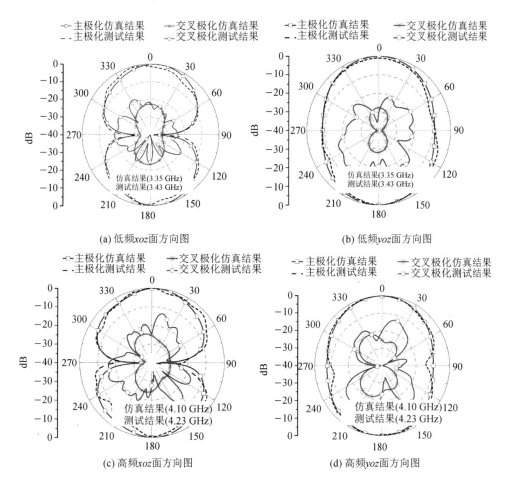

图 6.15 多模谐振宽带缝隙天线在不同频点下的仿真与测试方向图

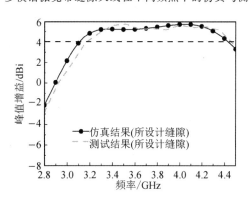

图 6.16 多模谐振宽带缝隙天线在不同频点的仿真与测试峰值增益图

综上所述,采用弯折缝隙方法实现了缝隙天线的模式 2 凹陷辐射方向图向法向辐射方向图的重塑;采用阶梯缝隙技术实现了缝隙天线的模式 1 谐振频率与模式 2 谐振频率的相互靠近。最终,所设计的多模谐振缝隙天线具备小型化、低剖面、宽频带、稳定辐射方向图、稳定增益、低交叉极化等特性。

6.3　多模谐振滤波介质天线的设计方法

在现代通信系统中，滤波天线融合了滤波特性和辐射性能，可减少不同频带、距离较近的天线单元间的异频耦合。传统滤波天线的设计方法是引入馈电网络，造成了天线设计过程复杂、损耗增加等缺陷。在此背景下，本节阐述多模谐振滤波介质天线的设计方法[2]，该方法融合了介质天线 TM_{011} 模、TM_{021} 模、销钉模式 1、销钉模式 3。

图 6.17 为基于销钉加载的多模谐振滤波介质天线结构示意图，天线主要由圆柱介质、销钉 1、销钉 2、销钉 3、金属地板、馈电探针等结构组成，天线具体设计参数如下：$R = 132$ mm、$R_1 = 3$ mm、$R_2 = 7.2$ mm、$R_3 = 3$ mm、$R_4 = 1.27$ mm、$R_5 = 54$ mm、$H_1 = 4.4$ mm、$H_2 = 4.3$ mm、$H_3 = 9.3$ mm、$H_4 = 11.5$ mm、$H_5 = 15$ mm、$D_1 = 21.6$ mm、$D_2 = 22.34$ mm、$D_3 = 34$ mm。圆柱介质的相对介电常数为 15、厚度为 15 mm。所设计多模谐振滤波介质天线除具备宽带特性外，还具备低剖面、小型化、带外滤波、全向辐射方向图、稳定增益等特性。详细设计步骤如下：

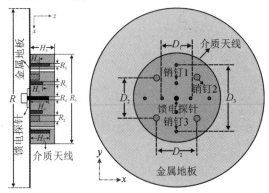

图 6.17　基于销钉加载的多模谐振滤波介质天线结构示意图

第一步，分析高频滤波特性的产生机理。图 6.18 展示了介质天线在加载销钉 1 前、后的结构示意图。在加载短路销钉 1 前，传统介质天线的 TM_{011} 模与 TM_{021} 模被有效激励，此时天线在 1.2~3.3 GHz 范围内无辐射效率零点和宽带滤波特性，如图 6.19 所示；在加载短路销钉 1 后，介质天线在 TM_{011} 模与 TM_{021} 模附近激励出销钉模式 1，此时天线在高频 3.18 GHz 处产生辐射效率零点和滤波特性，如图 6.19 所示。图 6.19 展示了介质天线在加载销钉 1 前后的输入电阻和辐射效率。

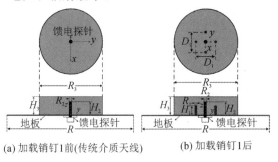

(a) 加载销钉 1 前(传统介质天线)　　(b) 加载销钉 1 后

图 6.18　介质天线在加载销钉 1 前、后的结构示意图

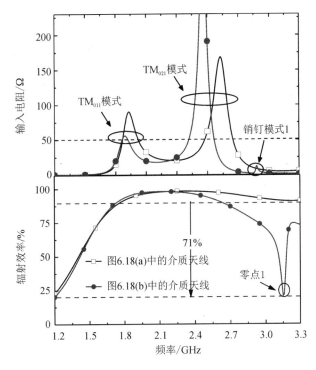

图 6.19　介质天线在加载销钉 1 前、后的输入电阻和辐射效率

图 6.20 给出了介质天线在加载销钉 1 前、后的内场变化趋势(3.18 GHz)。在加载销钉 1 前，传统介质天线内场仅在中心处抵消，而在其他方向上难以产生抵消效应，进而无法形成辐射效率零点和滤波效应，如图 6.20(a)所示；在加载销钉 1 后，天线内场在多个位置产生了抵消效应，进而形成了辐射效率零点和滤波效应，如图 6.20(b)所示。

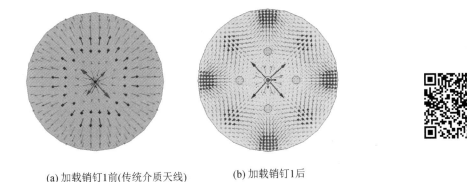

(a) 加载销钉1前(传统介质天线)　　　　(b) 加载销钉1后

图 6.20　介质天线在加载销钉 1 前、后的内场变化趋势(3.18 GHz)

第二步，分析低频滤波特性的产生机理。图 6.21 为介质天线在加载销钉 2 和销钉 3 前、后的结构示意图。图 6.22 为介质天线在加载销钉 2 和销钉 3 前、后的输入电阻图。在加载销钉 2 和销钉 3 前(见图 6.21(a))，介质天线仅产生 TM_{011} 模、TM_{021} 模、销钉模式 1，如图 6.22(a)所示；在加载销钉 2 后(见图 6.21(b))，介质天线在 1.2~3.6 GHz 频带范围内的阻抗匹配特性得到改善，但是销钉 2 的较短高度导致天线在 1.2~3.6 GHz 频带范围内没有产生新模式，如图 6.22(b)所示；在加载销钉 2 和销钉 3 后(图 6.21(c))，天线在

1.2～3.6 GHz 频带范围内的阻抗匹配特性得到进一步改善，同时销钉 3 的高度导致天线在低频 1.89 GHz 附近产生了新的销钉模式 3，如图 6.22(c)所示。

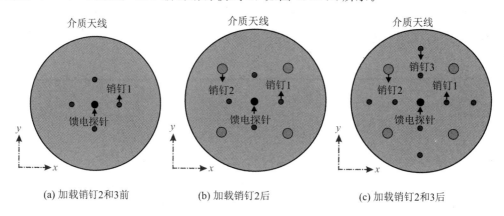

(a) 加载销钉2和3前　　　(b) 加载销钉2后　　　(c) 加载销钉2和3后

图 6.21　介质天线在加载销钉 2 和 3 前、后的结构示意图

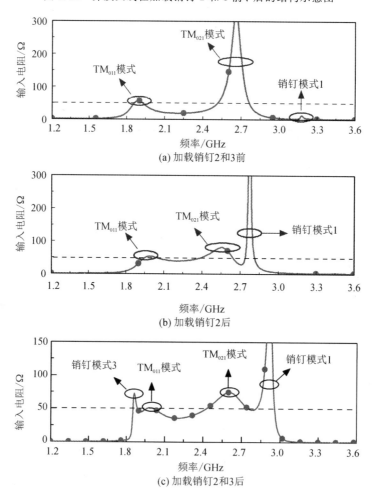

(a) 加载销钉2和3前

(b) 加载销钉2后

(c) 加载销钉2和3后

图 6.22　介质天线在加载销钉 2 和 3 前、后的输入阻抗图

图 6.23 给出了介质天线在不同销钉加载下的辐射效率变化趋势。图 6.24 为介质天线在不同销钉加载下的峰值增益变化趋势。由图 6.23、6.24 可知：在加载销钉 1 时，天线在高频产生了辐射效率零点 1 和峰值增益零点 1；在加载销钉 1 和销钉 2 后，天线也仅在高频产生了辐射效率零点 1 和峰值增益零点 1；在加载销钉 1、销钉 2 和销钉 3 后（所设计介质天线），天线不仅在高频产生了辐射效率零点 1 和峰值增益零点 1，而且在低频产生了辐射效率零点 2 和峰值增益零点 2，进而使多模谐振介质天线形成了宽带滤波特性。

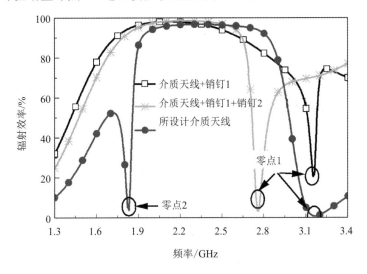

图 6.23 介质天线在不同销钉加载下的辐射效率变化趋势

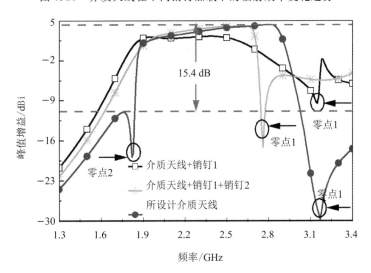

图 6.24 介质天线在不同销钉加载下的峰值增益变化趋势

图 6.25 给出了所设计介质天线在不同频点下的内场分布趋势，由该图可知，介质天线的 TM_{011} 模谐振在 2.0 GHz 附近，介质天线的 TM_{021} 模谐振在 2.6 GHz 附近，介质天线的销钉模式 1 谐振在 2.9 GHz 附近，介质天线的销钉模式 3 谐振在 1.86 GHz 附近。

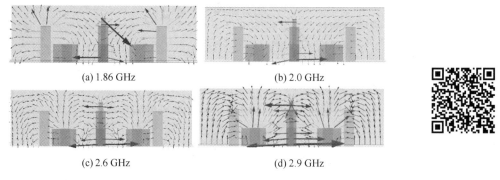

(a) 1.86 GHz   (b) 2.0 GHz

(c) 2.6 GHz   (d) 2.9 GHz

图 6.25   所设计介质天线在不同频点下的内场分布趋势

第三步，依据图 6.17 所示的天线结构进行加工制作，相关实物如图 6.26 所示。该天线的仿真与测试 S 参数如图 6.27 所示，其结果证明：多模谐振滤波介质天线在工作频段 1.85～2.81 GHz(约 41.2%)内具备良好的阻抗匹配特性，且天线剖面仅为 $0.12\lambda_0$、体积仅为 $0.016\lambda_0^3$。图 6.28 为多模谐振滤波介质天线的仿真与测试峰值增益天线，该结果证明：天线在工作频段 1.85～2.81 GHz 内增益保持 0 dBi 以上，且天线的带外增益滤波特性达到了 14 dB。图 6.29 为多模谐振滤波介质天线的仿真与测试方向图，天线在宽频带内具备良好的水平全向辐射方向图特性。

图 6.26   多模谐振滤波介质天线的加工实物图

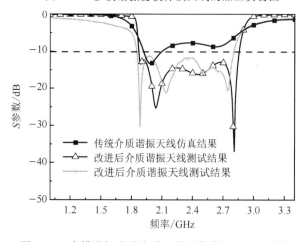

图 6.27   多模谐振滤波介质天线的仿真与测试 S 参数图

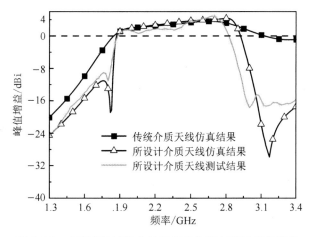

图 6.28　多模谐振滤波介质天线的仿真与测试峰值增益

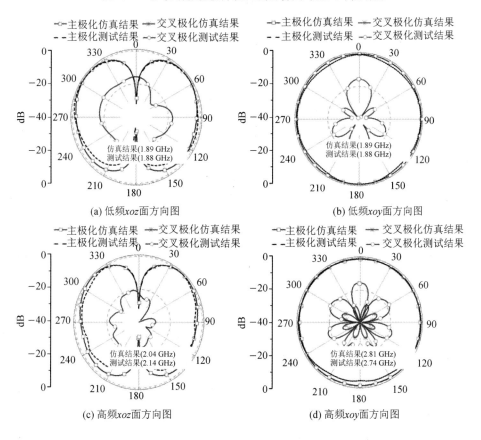

图 6.29　多模谐振滤波介质天线的仿真与测试方向图

综上所述，采用销钉 1 加载技术实现了介质天线的高频滤波零点；采用销钉 2 加载技术改善了介质天线的宽带匹配特性；采用销钉 3 加载技术实现了介质天线的低频滤波零点。最终，所设计的多模谐振天线融合了 TM_{011} 模与 TM_{021} 模、销钉模式 1、销钉模式 3，进而使天线具备低剖面、小型化、宽频带、稳定增益、全向辐射方向图、带外增益滤波等特性。

6.4 多模谐振漏波天线的设计方法

多模谐振漏波天线备受国内外学者关注，与多模谐振微带贴片天线、多模谐振缝隙天线、多模谐振介质天线等类似，存在众多横向谐振模式，例如 EH_0 模、EH_1 模、EH_2 模、EH_3 模等。本节阐明多模谐振漏波天线的高性能实现方法，主要内容如下：（1）基于 EH_0 模的单波束漏波天线设计方法。（2）基于 EH_2 模的单波束漏波天线设计方法。（3）基于 EH_1 模/EH_2 模的宽波束扫描漏波天线设计方法。

6.4.1 基于 EH_0 模的单波束漏波天线设计方法

虽然传统漏波天线工作在 EH_0 模时具备小型化、频率低等特性，但是双波束辐射方向图制约了天线在二维阵列、点对点通信中应用。在此背景下，本节提出了基于辐射口径消除技术的单波束漏波天线设计方法[3]，该方法主要重塑漏波天线 EH_0 模的辐射方向图。

图 6.30 为基于辐射口径消除技术的单波束漏波天线结构，天线主要由辐射贴片、枝节、狭缝、介质基板、差分馈电、接地板等结构组成，天线具体参数如下：$W_{sub}=60$ mm、$L_{sub}=312.5$ mm、$H_{sub}=1.5$ mm、$W_p=4$ mm、$L_p=9.4$ mm、$L_S=7$ mm、$W_S=0.5$ mm、$L_{stub}=5.08$ mm、$W_c=1$ mm、$L_c=8.6$ mm、$L=262.5$ mm、$W_{slit}=1$ mm、$W_{stub}=1$ mm、$D_r=2.72$ mm、$x_1=6$ mm、$x_2=3.4$ mm、$W=7$ mm、$T=12.5$ mm、$g=2$ mm、$N=21$，介质基板的介电常数为 2.55，厚度为 1.5 mm。该天线除具备单波束方向图特性外，还具备低剖面、小尺寸、宽频带、高增益、低交叉极化等特性。

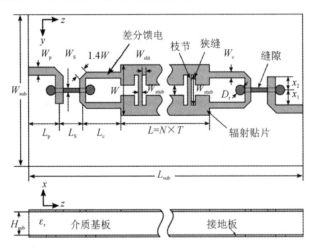

图 6.30 基于辐射口径消除技术的单波束漏波天线结构

详细设计步骤如下：

第一步，讨论基于 EH_0 模的单波束漏波天线演变过程，如图 6.31 所示当传统漏波天线（图 6.31(a)）谐振在 EH_0 模下，微带线两边缘口径内的切向内场方向相反，如图 6.31(b)所示，导致天线 E 面方向图产生双波束特性，如图 6.31(c)所示；考虑接地板下方的镜像效应，并将图 6.31(a)所示的天线结构旋转 90°至图 6.31(d)所示，此时天线双波束辐射方向图也旋转 90°，从而形成了 8-型方向图，如图 6.31(e)所示；当图 6.31(d)的漏波天线结构扁平化后，采用差分激励方式来维持接地板的理想电壁特性和内场分布特性，并将额外接地板加在整体天线下方，构建出的漏波天线结构如图 6.31(f)所示，该天线的边缘内场分布特性如图 6.31(g)所示，进而产生图 6.31(h)所示的单波束辐射方向图。值得说明的是，图 6.31(f)中横向枝节代替了图 6.31(a)中通孔结构。

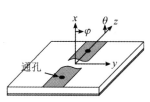

(a) 传统漏波天线

(b) 传统漏波天线的内场分布

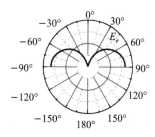

(c) 传统漏波天线的准E面方向图

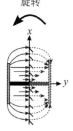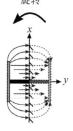

(d) 镜像后漏波天线结构与内场分布

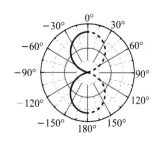

(e) 镜像后漏波天线准E面方向图

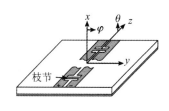

(f) 所设计天线结构

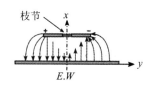

(g) 所设计漏波天线的内场分布

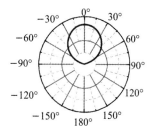

(h) 所设计漏波天线的准E面方向图

图 6.31　基于 EH_0 模的单波束漏波天线演变过程

为明晰漏波天线的辐射性能，图 6.32 构建了基于工型缝隙加载的漏波天线单元结构与等效磁流分布，天线主要参数为 $L_g = 9.5$ mm，$T = 12.5$ mm，$g = 2$ mm，$W_{line} = 2.5$ mm，介质基板的介电常数为 2.55、厚度为 1.5 mm。该天线的辐射特性主要由沿 $-z$ 轴的蓝色等效磁流 $\boldsymbol{M}_{S1}$ 和 z 轴的红色等效磁流 $\boldsymbol{M}_{S2}$ 共同产生。

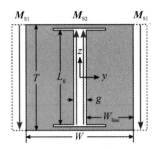

图 6.32　基于工型缝隙加载的漏波天线单元结构与等效磁流分布

基于上述等效磁流 $\boldsymbol{M}_{S1}$，单一周期内漏波天线的辐射场可求解为

$$E_{\varphi 1} = C_1 \cdot \sin\theta \cdot \mathrm{sinc}(X) \cdot \mathrm{sinc}(Z) \cdot \cos\left(\frac{\pi W}{\lambda}\sin\theta\sin\varphi\right) \tag{6-4}$$

式中，

$$X = \frac{\pi h}{\lambda} \cdot \sin\theta\sin\varphi \tag{6-5}$$

$$Z = \frac{\pi T}{\lambda} \cdot \cos\theta \tag{6-6}$$

$$C_1 = \mathrm{j}\,\frac{2E_{01}hT \cdot \mathrm{e}^{-\mathrm{j}k_0 r}}{\lambda r} \tag{6-7}$$

式中，k_0 为自由空间中的波数，λ 为自由空间中的波长，h 为空气介质下的厚度。

基于上述等效磁流 $\boldsymbol{M}_{S2}$，单一周期内漏波天线的辐射场可求解为

$$E_{\varphi 2} = -C_1 R_E \cdot \frac{L_g}{T} \cdot \sin\theta \cdot \mathrm{sinc}(X) \cdot \mathrm{sinc}\left(\frac{L_g}{T}Z\right) \cdot \cos\left(a_g\frac{\pi W}{\lambda}\sin\theta\sin\varphi\right) \tag{6-8}$$

式中

$$R_E = \frac{E_{02}}{E_{01}} \tag{6-9}$$

$$a_g = \frac{g}{W} \tag{6-10}$$

式(6-9)中，R_E 是中心内场与边缘内场的幅值比值，a_g 为缝隙宽度与天线宽度的比值。

考虑枝节与缝隙宽度较小，式(6-8)中，L_g/T 被固定在 0.9 左右。结合式(6-4)～式(6-10)，图 6.32 中等效磁流 $\boldsymbol{M}_{S1}$ 和 $\boldsymbol{M}_{S2}$ 共同产生的辐射场为

$$E_t = N \cdot (E_{\varphi 1} + E_{\varphi 2}) \cdot \mathrm{sinc}\left[\pi N \cdot T/\lambda \cdot \left(\cos\theta - \frac{\beta}{k_0}\right)\right] \tag{6-11}$$

结合式(6-4)～式(6-11)，令 $N=11$、$\beta/k_0 = 0.2$、$h/\lambda = 0.04$、$T/\lambda = 0.2$。在此条件下，图 6.33(a)给出了漏波天线单元在不同 W/λ 下的归一化辐射方向图变化趋势。由图可知，随着 W/λ 值的增加，天线波束宽度逐渐变窄并出现副瓣电平，应将 W/λ 固定在 0.22 附近来实现单波束高增益特性。图 6.33(b)为漏波天线单元在不同 a_g、R_E 下的归一化辐射方向图变化趋势，由该图可知，a_g 值降低会导致天线方向图的半功率波束宽度被压缩，R_E 值增加会导致天线方向图的半功率波束宽度被压缩。鉴于此，所设计漏波天线的单波束高增益特性可以通过调整结构参数 a_g、R_E 获得。

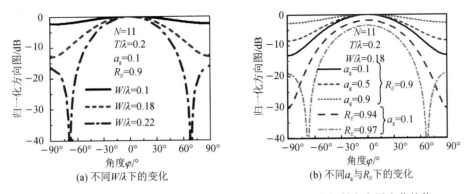

(a) 不同 W/λ 下的变化　　　　(b) 不同 a_g 与 R_E 下的变化

图 6.33　漏波天线单元在不同 W/λ、α_g、R_E 下的归一化辐射方向图变化趋势

第二步，讨论所设计漏波天线的色散特性。基于枝节与狭缝加载的单一周期漏波天线等效电路模型如图 6.34 所示，该图中枝节等效为并联电感（L_i），狭缝等效为串联电感（L_{slit}），Z_{oh} 为一半微带线结构下的特征阻抗，β_h 为微带线在相对有效介电常数（ε_{re}）下的相位常数，k_0 为自由空间的波数。在差分馈电下，单一周期漏波天线中心处可等效为理想电壁，从而仅需讨论一半微带线结构的电性能。

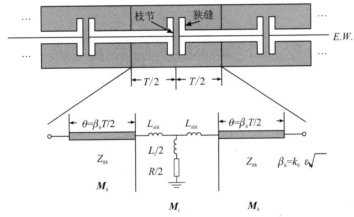

图 6.34　基于枝节与狭缝加载的单一周期漏波天线等效电路模型

基于图 6.34 的等效电路模型，整个漏波天线单元的 M 矩阵可表示为

$$M = M_h \cdot M_i \cdot M_h \qquad (6-12)$$

式中，M_h 为图 6.34 中左(右)半部分的 **ABCD** 矩阵，M_i 为图 6.34 中间 T 形结构部分的 **ABCD** 矩阵。

依据式（6-12），漏波天线单元的等效传输常数 γ 为

$$\gamma = \frac{1}{T} \cdot \cosh^{-1}\left[\frac{A+D}{2}\right] = \alpha + \mathrm{j}\beta \qquad (6-13)$$

根据式（6-13），图 6.35 给出了漏波天线在不同电路模型参数下的漏波区与归一化相位常数变化。浅黄色区域内频率为结构的漏波区；在串联电感 $L_{slit}=0$ 且其他参数固定时，L_i 值的增加会导致截止频率和漏波区向低频移动，如图 6.35(a) 所示；在特征阻抗 Z_{od1} 增加时，所设计漏波天线的漏波区会向高频移动，并使归一化相位常数最大值保持在相同频率下，如图 6.35(b) 所示；在周期长度 T_1 增加时，所设计漏波天线的漏波区与相位常数最

大值的频点均向低频移动，如图 6.35(c) 所示；在串联电感 L_{slit} 增加时，所设计漏波天线的漏波区和相位常数最大值的频点均向低频移动，如图 6.35(d) 所示。

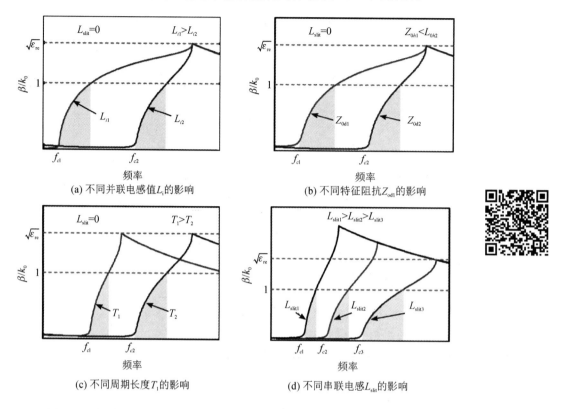

(a) 不同并联电感值 L_i 的影响

(b) 不同特征阻抗 Z_{0d1} 的影响

(c) 不同周期长度 T_1 的影响

(d) 不同串联电感 L_{slit} 的影响

图 6.35   漏波天线在不同电路模型参数下的漏波区与归一化相位常数变化

进一步，利用 SOL 方法可以获得漏波天线在不同宽度 W 与间隙宽度 g 下的传播特性，如图 6.36 所示，由该图可知，漏波天线宽度 W 的增加会使漏波区的频率升高，但缝隙宽度 g 的增加对漏波区的频率影响较小。

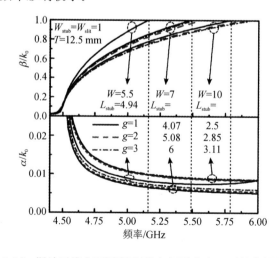

图 6.36   漏波天线在不同宽度 W 与间隙宽度 g 下的传播特性

图 6.37 给出了漏波天线在不同天线宽度 W 和缝隙 g 下的辐射增益,该图结果证明:较大的 W 值可以实现较高的天线辐射增益,而缝隙宽度 g 对天线辐射增益的影响较小。值得说明的是,对于宽度较窄的 EH_0 模式漏波天线,使用更多的单元也可以提高天线辐射增益。

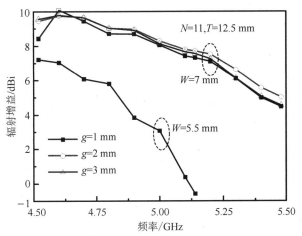

图 6.37　漏波天线在不同天线宽度 W 和缝隙 g 下的辐射增益

第三步,依据图 6.30 所示的天线结构进行加工制作,相关实物如图 6.38 所示,所设计天线的电长度仅为 $0.155\lambda_e$(λ_e 代表天线在 4.5 GHz 的有效导波波长)。图 6.39 为基于 EH_0 模的单波束漏波天线仿真与测试 S 参数、扫描角度及增益,结果证明:漏波天线的漏波区域为 4.5~5.5 GHz,且峰值增益达到 12 dBi。

(a) 正面视角　　　　　　　　　　(b) 背面视角

图 6.38　基于 EH_0 模的单波束漏波天线的加工实物图

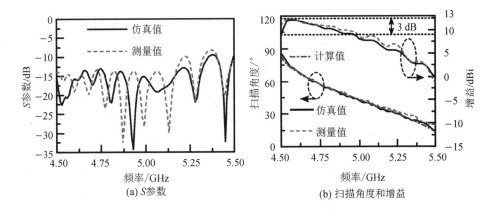

(a) S 参数　　　　　　　　　　(b) 扫描角度和增益

图 6.39　基于 EH_0 模的单波束漏波天线仿真与测试 S 参数、扫描角度及增益

图 6.40 为基于 EH_0 模的单波束漏波天线仿真和测量增益曲线,由图可知,随着工作

频率的升高，所设计漏波天线的 H 面波束扫描角逐渐由 82°降低到 30°。图 6.41 为基于 EH_0 模的单波束漏波天线在不同频点处的 E 面辐射方向图，结果证明：所设计漏波天线在整个工作频带内具备良好的单波束辐射方向图特性，且在整个上半辐射空间具有低交叉极化特性。

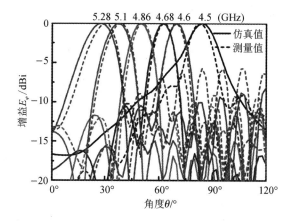

图 6.40　基于 EH_0 模的单波束漏波天线仿真和测量增益曲线

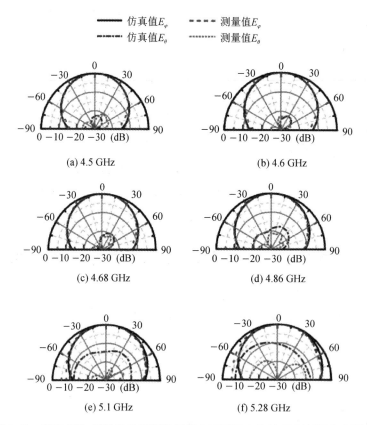

图 6.41　基于 EH_0 模的单波束漏波天线在不同频点处的 E 面辐射方向图

综上所述，采用辐射口径消除技术，将漏波天线 EH_0 模的双波束辐射方向重塑为单波束辐射方向图。最终，所设计的漏波天线具备小尺寸、低剖面、高增益、频率扫描等特性。

6.4.2　基于 EH_2 模的单波束漏波天线设计方法

第 6.4.1 节中传统漏波天线的 EH_0 模呈现双波束特性，类似地，天线在 EH_2 模下也呈现双波束辐射方向图特性。为了提升天线增益，本节讨论基于缝隙加载的单波束漏波天线设计方法[4]，该方法主要重塑漏波天线 EH_2 模的辐射方向图。

天线结构如图 6.42 所示，天线主要由辐射贴片、工型缝隙、馈电网络、介质基板、接地板等结构组成，天线具体参数如下：$p = 16$ mm，$n = 20$，$W = 36.4$ mm，$W_s = 1$ mm，$l_i = 10$mm，$l_s = 20.2$mm，$W_0 = 1.1$ mm，$W_1 = 0.9$ mm，$W_2 = 1.6$ mm，$W_3 = 2.7$ mm，$L_0 = 5$ mm，$L_1 = 6.4$ mm，$L_2 = 2.1$ mm，$L_3 = 2.1$ mm，$L_4 = 4.1$ mm，$L_5 = 3.1$ mm，$H = 0.787$ mm，介质基板的介电常数为 2.2，厚度为 0.787 mm。所设计天线除具备单波束方向图特性外，还具备低剖面、小尺寸、宽频带、高增益、低交叉极化等特性。

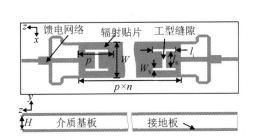
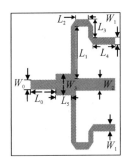

图 6.42　基于 EH_2 模的单波束高增益漏波天线结构

第一步，讨论不同漏波天线结构下 EH_2 模的辐射方向图变化趋势，如图 6.43 和图 6.44 所示。当漏波天线为均匀结构时，内场在沿 x 轴变化两次导致辐射方向图呈现双波束特性，如图 6.43(a)所示；此时天线在 $\theta = 45°$ 面的主极化 E_φ 分量呈现凹陷特性（$\varphi = 90°$），且天线在 $\theta = 45°$ 面的交叉极化 E_θ 分量很小，如图 6.44(a)所示。当加载横向缝隙时，辐射方向图仍呈现双波束特性，如图 6.43(b)所示；此时天线在 $\theta = 45°$ 面的主极化 E_φ 分量明显降低，且天线在 $\theta = 45°$ 面的交叉极化 E_θ 分量变化较小，如图 6.44(b)所示。当加载纵向缝隙时，辐射方向图呈现单波束特性，如图 6.43(c)所示；此时天线在 $\theta = 45°$ 面的 E_φ 分量明显降低，且天线在 $\theta = 45°$ 面的 E_θ 分量明显增加，如图 6.44(c)所示。当加载工型缝隙时，辐射方向图呈现单波束特性，如图 6.43(d)所示；此时天线在 $\theta = 45°$ 面的交叉极化 E_φ 分量明显降低，且天线在 $\theta = 45°$ 面的主极化 E_θ 分量明显增加，如图 6.44(d)所示。因此，工型缝隙加载技术是将传统漏波天线 EH_2 的双波束方向图重塑为单波束方向图的有效方法之一。

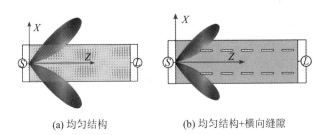

(a) 均匀结构　　　　　　　　(b) 均匀结构+横向缝隙

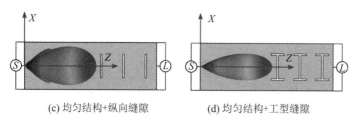

(c) 均匀结构+纵向缝隙　　(d) 均匀结构+工型缝隙

图 6.43　不同漏波天线结构下 EH₂ 模的三维辐射方向图变化趋势

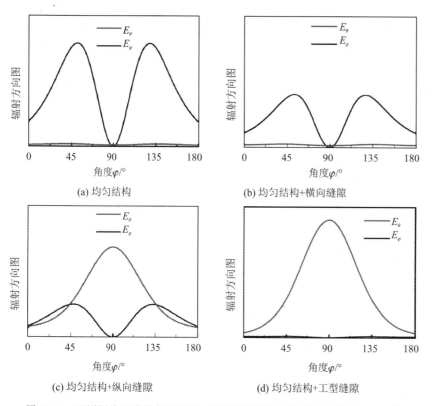

(a) 均匀结构　　　　(b) 均匀结构+横向缝隙

(c) 均匀结构+纵向缝隙　　(d) 均匀结构+工型缝隙

图 6.44　不同漏波天线结构下 EH₂ 模的平面辐射方向图变化趋势($\theta = 45°$)

第二步，明晰天线单波束辐射方向图的重塑机理，下面将从参数分析与电路角度谈论漏波天线方向图调控的方法、原理和结果。

（1）基于横向缝隙的漏波天线 E_φ 分量调控。

图 6.45 给出了基于横向缝隙加载的漏波天线结构示意图，天线具体参数如下：$W = 36.4$ mm、$W_s = 1$ mm、$l_i = 10$ mm、$l_s = 18.2$ mm、$p = 16$ mm、$n = 20$，介质基板的介电常数为 2.2、厚度为 0.787 mm。

由图 6.45 可知，横向缝隙加载在微带贴片的横向电流幅度最大处（$x = \pm 0.25\lambda$），导致缝隙产生的内场方向与微带贴片边缘产生的内场方向相反，进而使漏波天线在 $\theta = 45°$ 面的主极化 E_φ 分量被削弱。图 6.46 为基于横向缝隙加载的漏波天线在不同缝隙长度 l_i 下的 E_φ 分量变化趋势，由该图可知：当 $l_i = 0$ mm 时，天线 E_φ 分量的最大幅度值为 14 dB；当 l_i 的值逐渐降低时，天线 E_φ 分量的幅度值随之降低；当 $l_i = 10$ mm 时，天线 E_φ 分量的最大幅度值降低至 10 dB 左右。

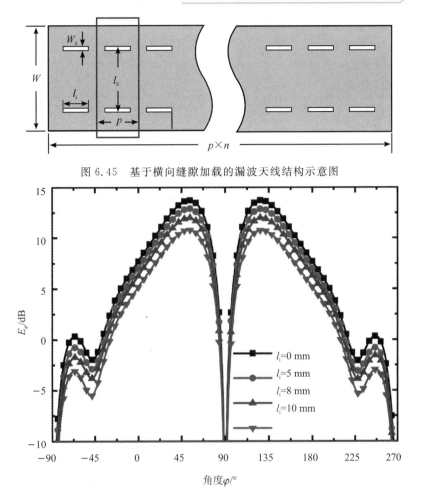

图 6.45　基于横向缝隙加载的漏波天线结构示意图

图 6.46　基于横向缝隙加载的漏波天线在不同缝隙长度 l_i 下的 E_φ 分量变化趋势

（2）基于纵向缝隙的漏波天线 E_θ 分量调控。

图 6.47 给出了基于纵向缝隙加载的漏波天线结构示意图，天线具体参数如下：$W = 44$ mm、$W_s = 1$ mm、$l_s = 24$ mm、$p = 16$ mm、$n = 20$，介质基板的介电常数为 2.2、厚度为 0.787 mm。

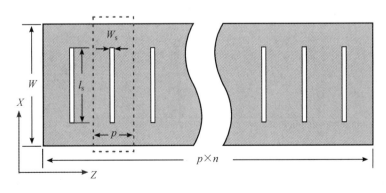

图 6.47　基于纵向缝隙加载的漏波天线结构示意图

图 6.48 为基于纵向缝隙加载的漏波天线在不同缝隙长度 l_s 下的 E_θ 分量变化趋势，由

该图可知：当 $l_S = 12$ mm 时，天线在 $\theta = 45°$ 面的 E_θ 分量最大值保持在 0 dB 左右；当 l_S 的值逐渐增加时，天线在 $\theta = 45°$ 面的 E_θ 分量幅度值随之增强；当 $l_S = 24$ mm 时，天线在 $\theta = 45°$ 面的 E_θ 分量最大值增加至 13.8 dB 左右。因此，需要选择 l_S 值为 24 mm 来实现漏波天线 E_θ 分量的较高值。

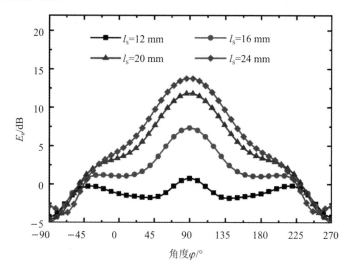

图 6.48　基于纵向缝隙加载的漏波天线在不同缝隙长度 l_s 下的 E_θ 分量变化趋势

图 6.49 为基于纵向缝隙加载的漏波天线在不同缝隙长度 l_S 下的 E_φ 分量变化趋势，由该图可知：当 $l_s = 12$ mm 时，天线在 $\theta = 45°$ 面的 E_φ 分量最大值保持在 14.9 dB 左右；当 l_s 的值逐渐增加时，天线在 $\theta = 45°$ 面的 E_φ 分量幅度值随之降低；当 $l_S = 24$ mm 时，天线在 $\theta = 45°$ 面的 E_φ 分量最大值降低至 9.4 dB 左右。因此，需要选择 l_S 值为 24 mm 来实现漏波天线 E_φ 分量的较低值。

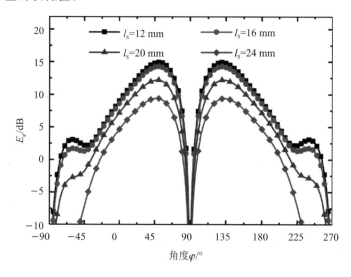

图 6.49　基于纵向缝隙加载的漏波天线在不同缝隙长度 l_s 下的 E_φ 分量变化趋势

为保证漏波天线工作在快波区，下面对关键参数 p 进行分析与讨论。图 6.50 为基于纵向缝隙加载的漏波天线在不同 p 下的 E_θ 分量与 E_φ 分量变化趋势。当 p 值逐渐增加时，天线在 $\theta=45°$ 面的 E_θ 分量最大值随之增加，而天线在 $\theta=45°$ 面的 E_φ 分量最大值随之降低。因此，需要选择 p 值为 16 mm 来实现漏波天线的单波束与低交叉极化辐射方向图特性。

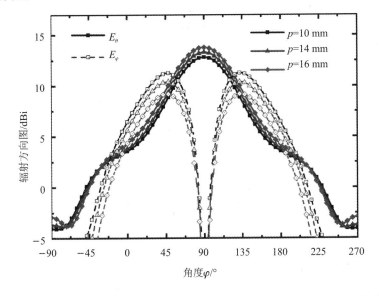

图 6.50　基于纵向缝隙加载的漏波天线在不同 p 下的 E_θ 与 E_φ 分量变化趋势

（3）基于工型缝隙的漏波天线 E_θ 分量与 E_φ 分量调控。

图 6.51 给出了基于工型缝隙加载的漏波天线结构示意图，天线具体参数如下：$W=$ 36.4 mm、$W_s=1$ mm、$l_i=10$ mm、$l_s=22.2$ mm、$p=16$ mm、$n=20$，介质基板的介电常数为 2.2，厚度为 0.787 mm。

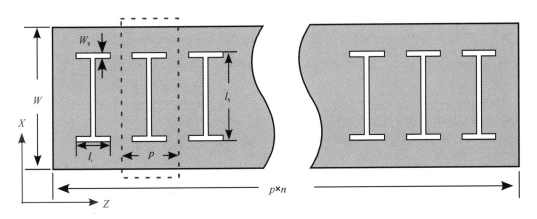

图 6.51　基于工型缝隙加载的漏波天线结构示意图

图 6.52 为基于工型缝隙加载的漏波天线 H 面辐方向图，由图可知，辐射场 E_θ 分量为漏波天线的主极化分量，其具备单波束特性且最大增益为 16.7 dB；辐射场 E_φ 分量为漏波天线的交叉极化分量，其具备双波束特性且最大增益在 0 dB 以下。因此，相较于横向缝隙与纵向缝隙所产生的辐射方向图，工型缝隙更有效地将天线 EH_2 模的双波束方向图重塑为单波束高增益方向图。

　　第三步，依据图 6.42 所示的天线结构进行加工制作，相关实物如图 6.53 所示。该天线的仿真与测试 S 参数如图 6.54 所示，结果证明：所设计漏波天线在工作频段 4.6～5.1 GHz 范围内具备良好的阻抗匹配特性。图 6.55 为基于 EH_2 模的单波束高增益漏波天线仿真与测试方向图，结果证明：所设计漏波天线的 H 面方向图特性相对稳定，E 面最大波束指向角由 $\theta = 20°$ 增加到 $\theta = 55°$（频率从 5.1 GHz 变化到 4.6 GHz），且 E 面方向图在不同角度下的增益平坦度保持在 2.0 dB 左右。

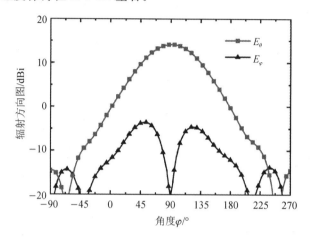

图 6.52　基于工型缝隙加载的漏波天线 H 面辐射方向图

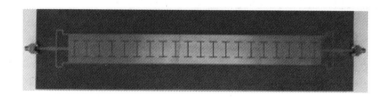

图 6.53　基于 EH_2 模的单波束高增益漏波天线的加工实物图

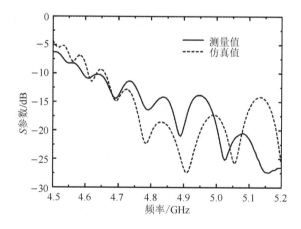

图 6.54　基于 EH_2 模的单波束高增益漏波天线仿真与测试 S 参数

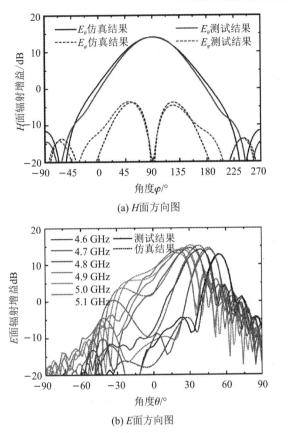

图 6.55　基于 EH_2 模的单波束高增益漏波天线仿真与测试方向图

　　综上所述，采用工型缝隙加载技术，削弱了漏波天线在 $\theta=45°$ 面下 EH_2 模的 E_φ 分量幅度值，同时增强了漏波天线在 $\theta=45°$ 面下 EH_2 模的 E_θ 分量幅度值，从而使传统 EH_2 模的双波束方向图重塑为单波束方向图。最终，所设计的多模谐振漏波天线具备低剖面、小尺寸、宽频带、单波束、高增益、低交叉极化、高效率等特性。

6.4.3　基于 EH_1 模/EH_2 模的大角度扫描漏波天线设计方法

　　为了提升天线的波束扫描范围，本节提出了基于缝隙加载的大角度扫描漏波天线设计方法[5]，该方法主要重塑漏波天线 EH_1 模与 EH_2 模的辐射方向图。

　　图 6.56(a)给出了基于 EH_1 模的单波束扫描漏波天线结构，图 6.56(b)给出了基于 EH_2 模的双波束扫描漏波天线结构。上述两种漏波天线均由辐射贴片、缝隙、馈电网络、介质基板、接地板等结构组成。图 6.56(a)中天线具体参数如下：$W=20$ mm，$W_s=1$ mm，$W_0=0.9$ mm，$W_1=1.9$ mm，$W_2=6$ mm，$W_3=0.15$ mm，$W_4=3.3$ mm，$L_0=8.6$ mm，$L_1=3.2$ mm，$L_2=6.6$ mm，$L_3=1.5$ mm，$L_4=5.9$ mm，$l_s=4.8$ mm，$l_i=16.9$ mm，$p=30$ mm，$H=0.635$ mm，$n=14$，介质基板的介电常数为 6.15，厚度为 0.635 mm。图 6.56(b)中天线具体参数如下：$W=40$ mm，$W_s=1$ mm，$W_0=2.5$ mm，$W_1=0.3$ mm，$W_2=3.2$ mm，$W_3=1.5$ mm，$W_4=3$mm，$L_0=1.6$ mm，$L_1=10$ mm，$L_2=9$ mm，$l_s=4.8$ mm，$l_i=16.9$ mm，$p=30$ mm，$H=0.635$ mm，$n=14$，介质基板的介电常数为 6.15，厚度为 0.635 mm。

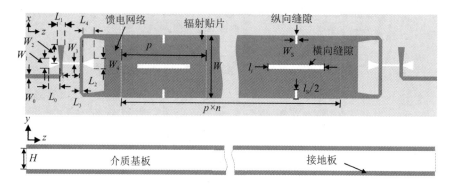

(a) 基于 EH_1 模的单波束漏波天线结构

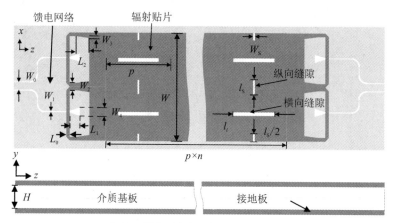

(b) 基于 EH_2 模的双波束漏波天线结构

图 6.56　基于 EH_1/EH_2 的宽波束扫描漏波天线结构

详细设计步骤如下：

第一步，对基于横向缝隙加载的漏波天线 EH_2 模展开讨论。图 6.57 为基于横向缝隙加载的漏波天线内场分布与等效电路模型，天线主要参数为：$W = 40$ mm、$p = 30$ mm、$W_S = 1$ mm、$l_i = 16.5$ mm。其中，横向缝隙加载在 EH_2 模的内场零点附近，如图 6.57(a) 所示。图 6.57(b) 为基于横向缝隙加载的漏波天线等效电路模型，其中 Y_1 与 Y_2 代表并联导纳，Z_1 代表串联阻抗，Z_0 代表传输线的特征阻抗。

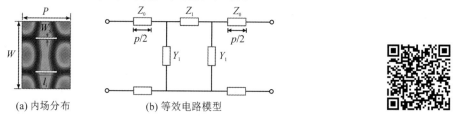

(a) 内场分布　　　　　(b) 等效电路模型

图 6.57　基于横向缝隙加载的漏波天线内场分布与等效电路模型

由 6.57(b) 中等效电路模型可知，串联阻抗 Z_1 与并联导纳 Y_1 均受横向缝隙长度 l_i 的影响。因此，图 6.58 给出了 Z_1 与 Y_1 在不同横向缝隙长度 l_i 下的变化趋势，由该图可知：当 l_i 小于 8 mm 时，串联电阻 Z_1 值虚部偏小；当 l_i 由 8 mm 增加到 17 mm 时，串联电阻 Z_1 的虚部与并联导纳 Y_1 的虚部随之增加。

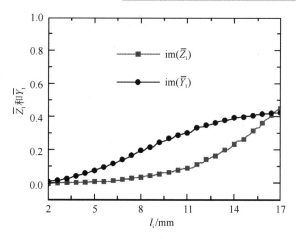

图 6.58　Z_1 与 Y_1 在不同横向缝隙长度 l_i 下的变化趋势

第二步，对基于纵向缝隙加载的漏波天线 EH$_2$ 模展开讨论。图 6.59 为基于纵向缝隙加载的漏波天线内场分布与等效电路模型，天线主要参数为：$W = 40$ mm、$p = 30$ mm、$W_S = 1$ mm。纵向缝隙加载在 EH$_2$ 模的内场零点附近，如图 6.59(a)所示。图 6.59(b)为基于纵向缝隙加载的漏波天线等效电路模型，其中 Y_1 与 Y_2 代表并联导纳，Z_2 代表串联阻抗，Z_0 代表传输线的特征阻抗。

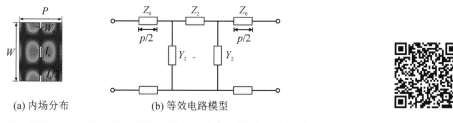

(a) 内场分布　　　　　(b) 等效电路模型

图 6.59　基于纵向缝隙加载的漏波天线内场分布与等效电路模型

由 6.59(b)中等效电路模型可知，串联阻抗 Z_2 与并联导纳 Y_2 均受纵向缝隙长度 l_S 的影响。因此，图 6.60 给出了 Z_2 与 Y_2 在不同纵向缝隙长度 l_S 下的变化趋势，由该图可知：当 l_S 小于 2 mm 时，串联电阻 Z_2 值的虚部偏小；当 l_S 从 2 mm 增加到 8 mm 时，串联电阻 Z_2 的虚部随之增加，但是并联导纳 Y_2 的虚部一直保持较小值。

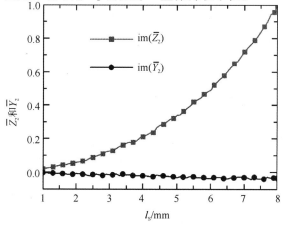

图 6.60　Z_2 与 Y_2 在不同纵向缝隙长度 l_S 下的变化趋势

图 6.61 给出了漏波天线 EH_2 模在加载横向缝隙与纵向缝隙下的传播常数变化趋势。当漏波天线加载横向缝隙或者纵向缝隙时,天线均在 4.7 GHz 附近产生了较大阻带,导致天线在此频段左右产生较大的反射系数、较低的辐射增益,进而导致漏波天线在波束指向侧向时无法有效辐射。

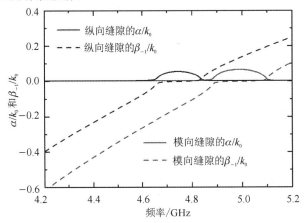

图 6.61　漏波天线 EH_2 模在加载横向缝隙与纵向缝隙下的传播常数变化趋势

第三步,讨论漏波天线的开阻带抑制问题,图 6.62 给出了两种常见等效电路模型,其中图 6.62(a)为分布式电路模型,图 6.62(b)为集总电路模型。在分布式电路模型中,开阻带的抑制主要依赖于电路的近似分析与大量参数优化。

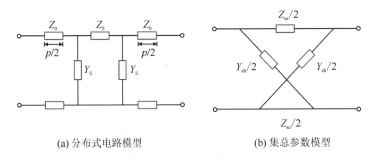

(a) 分布式电路模型　　　　　　(b) 集总参数模型

图 6.62　两种常见的等效电路模型

图 6.63 为分布式电路在奇偶模激励下的等效电路模型。当等效电路模型在偶模激励时,图 6.62(a)电路的中心平面可等效为理想磁壁,此时在负载处仅有 Y_s,输入导纳仅为 $Y_{sh}/2$,如图 6.63(a)所示。当等效电路模型在奇模激励时,图 6.62(a)电路的中心平面处可等效为理想电壁,此时在负载处由 Y_s 与 $Z_s/2$ 组成、输入阻抗仅为 $Z_{se}/2$,如图 6.63(b)所示。在此背景下,等效电路模型的输入阻抗与输入导纳可与串联阻抗与并联导纳建立联系,从而定量化地调控阻抗来实现漏波天线的开阻带抑制特性。

基于图 6.62 与图 6.63,电路中负载阻抗 Z_L、负载导纳 Y_L、输入阻抗 $Z_{se}/2$、输入导纳 $Y_{sh}/2$ 可以分别表示为

$$\begin{cases} Z_L = \dfrac{1}{Y+2/Z} = \dfrac{Z}{YZ+2} \\ Y_L = Y \end{cases} \tag{6-14}$$

$$
\begin{cases}
\dfrac{Y_{sh}}{2} = Y_{in} = Y_0 \dfrac{Y_L + jY_0\tan(\beta p/2)}{Y_0 + jY_L\tan(\beta p/2)} \\[3mm]
\dfrac{Z_{se}}{2} = Z_{in} = Z_0 \dfrac{Z_L + jZ_0\tan(\beta p/2)}{Z_0 + jZ_L\tan(\beta p/2)}
\end{cases}
\tag{6-15}
$$

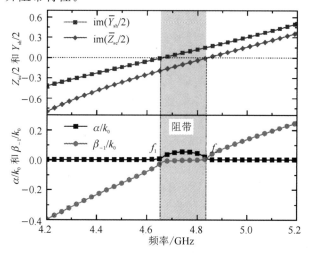

(a) 偶模激励　　　　　　(b) 奇模激励

图 6.63　分布式电路在奇偶模激励下的等效电路模型

式中，p 为单位传输线长度。

图 6.64 给出了等效电路模型中 $Y_{sh}/2$ 的虚部、$Z_{se}/2$ 的虚部及传播常数随频率变化的趋势，由该图可知：当谐振频率低于 f_1 时，$Y_{sh}/2$ 的虚部和 $Z_{se}/2$ 的虚部均为负值，此时漏波天线的传播常数为负；当谐振频率高于 f_2 时，$Y_{sh}/2$ 的虚部和 $Z_{se}/2$ 的虚部均为正值，此时漏波天线的传播常数为正；当谐振频率在 f_1 与 f_2 之间，$Y_{sh}/2$ 的虚部和 $Z_{se}/2$ 的虚部符号相反，会导致传播常数有很大的衰减常数，进而产生近似为 0 的相位常数，此时漏波天线形成了开阻带特性。

图 6.64　等效电路模型中 $Y_{sh}/2$、$Z_{se}/2$ 及传播常数随频率变化的趋势

第四步，图 6.65 给出了基于横向缝隙与纵向缝隙加载的漏波天线内场分布与等效电路模型，其中横向缝隙引入阻抗 Z_1，纵向缝隙引入阻抗 Z_2，且 Y_L 与 Z_L 相等。基于上述等效电路模型讨论结果，图 6.66 给出了 $Y_{sh}/2$ 的虚部、$Z_{se}/2$ 的虚部、传播常数随频率变化的趋势。由图 6.65 可知，当 $Z_{se}/2$ 的谐振频率 f_2 向左移动并与 f_1 重合时，图 6.64 中漏波天线的开带阻效应被有效抑制。

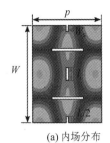
(a) 内场分布

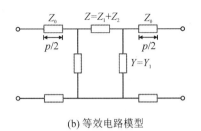
(b) 等效电路模型

图 6.65 基于横向缝隙与纵向缝隙加载的漏波天线内场分布与等效电路模型

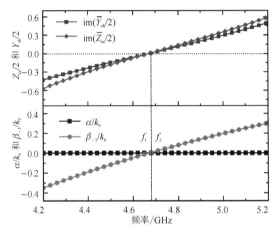

图 6.66 $Y_{sh}/2$、$Z_{se}/2$，及传播常数随频率变化的趋势

第五步，依据图 6.56(a)所示的天线结构进行加工制作，相关实物如图 6.67 所示。该天线的仿真与测试 S 参数如图 6.68 所示，结果证明：所设计漏波天线在工作频段 3.8～6.0 GHz 范围内具备良好的阻抗匹配特性。图 6.69 为基于 EH_1 模的单波束扫描漏波天线的仿真与测试方向图，当工作频率从 5.9 GHz 降低到 3.9 GHz 时，天线 H 面波束指向角由 $\theta = 49°$ 增加到 $\theta = 130°$。

图 6.67 基于 EH_1 模的单波束扫描漏波天线的加工实物图

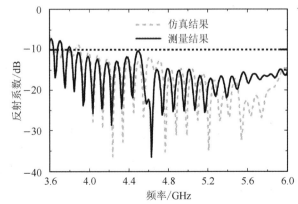

图 6.68 基于 EH_1 模的单波束扫描漏波天线的仿真与测试 S 参数图

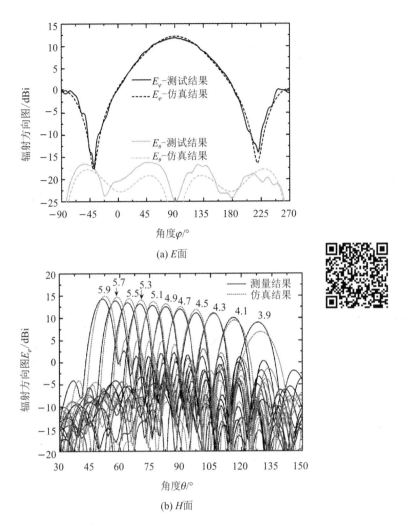

(a) E面

(b) H面

图 6.69　基于 EH_1 模的单波束扫描漏波天线的仿真与测试方向图

　　依据图 6.56(b)所示的天线结构进行加工制作,相关实物如图 6.70 所示。该天线的仿真与测试 S 参数如图 6.71 所示,结果证明:所设计漏波天线在工作频段 3.6~6.0 GHz 范围内具备良好的阻抗匹配特性。图 6.72 为基于 EH_2 模的双波束扫描漏波天线的仿真与测试方向图,在工作频率从 5.9 GHz 降低到 3.9 GHz 的过程中,天线 H 面双波束的指向角从 $\theta = 49°$ 增加到 $\theta = 130°$。

图 6.70　基于 EH_2 模的双波束扫描漏波天线的加工实物图

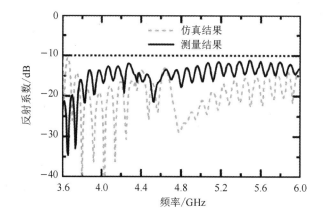

图 6.71 基于 EH$_2$ 模的双波束扫描漏波天线的仿真与测试 S 参数图

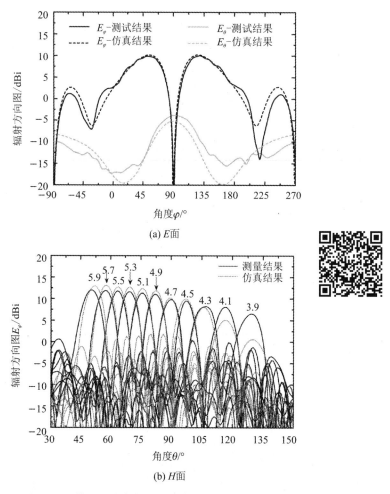

(a) E面

(b) H面

图 6.72 基于 EH$_2$ 模的双波束扫描漏波天线的仿真与测试方向图

综上所述，采用横向缝隙与纵向缝隙加载技术解决了传统漏波天线的开阻带缺陷，从而实现了漏波天线的单波束大角度扫描和双波束大角度扫描特性。最终，所设计的多模谐振漏波天线具备低剖面、小尺寸、宽频带、单波束/双波束、大角度前后向扫描等特性。

6.5　本章小结

　　本章主要介绍了其他多模谐振天线的设计方法，主要包括以下内容：（1）多模谐振缝隙天线的宽带化设计方法，涵盖了缝隙天线的模式 2 方向图重塑、缝隙天线模式 1 与模式 2 的谐振频率调控。（2）多模谐振介质天线的滤波方法，借助销钉 1 加载技术实现了高频滤波零点，借助销钉 3 加载技术实现了低频滤波零点。（3）多模谐振漏波天线的单波束扫描与双波束扫描方法，主要通过缝隙加载技术与枝节加载技术来实现。上述方法可为高性能多模谐振天线的设计提供指导和技术支撑。

参 考 文 献

［1］　LIU N W, ZHU L, LIU Z X, et al. Radiation pattern reshaping of a narrow slot antenna for bandwidth enhancement and stable pattern using characteristic modes analysis[J]. IEEE Trans. Antennas Propag. , 2022, 70(1)：726 – 731.

［2］　LIU N W, LIANG Y D, ZHU L, et al. A low-profile, wideband, filtering-response, omnidirectional dielectric resonator antenna without enlarged size and extra feeding circuit [J]. IEEE Antennas Wireless Propag. Lett. , 2021, 20(7)：1120 – 1124.

［3］　DUAN J B, ZHU L. An EH_0-mode microstrip leaky wave antenna on differentially excited coupled line for transversal single-beam radiation[J]. IEEE Trans. Antennas Propag. , 2021, 69(10)：6941 – 6946.

［4］　ZHANG P F, ZHU L, SUN S. Second higher-order-mode microstrip leaky-wave antenna with I-Shaped slots for single main beam radiation in cross section[J]. IEEE Trans. Antennas Propag. , 2019, 67(10)：6278 – 6285.

［5］　ZHANG P F, ZHU L, SUN S. Microstrip-line EH_1/EH_2-mode leaky-wave antennas with backward-to-forward scanning [J]. IEEE Antennas Wireless Propag. Lett. , 2020, 19(12)：2363 – 2367.